U0250149

地理信息标准化系统管理和标准模块化研究

白　易　陈瑞波　著

WUHAN UNIVERSITY PRESS
武汉大学出版社

图书在版编目（CIP）数据

地理信息标准化系统管理和标准模块化研究/白易,陈瑞波著.—武汉：武汉大学出版社,2019.7
ISBN 978-7-307-21062-2

Ⅰ.地…　Ⅱ.①白…　②陈…　Ⅲ.地理信息系统—标准化—研究—中国　Ⅳ.P208-65

中国版本图书馆 CIP 数据核字（2019）第 152105 号

责任编辑:谢文涛　　　责任校对:李孟潇　　　版式设计:马　佳

出版发行:**武汉大学出版社**　（430072　武昌　珞珈山）
（电子邮箱:cbs22@whu.edu.cn　网址:www.wdp.com.cn）
印刷:北京虎彩文化传播有限公司
开本:720×1000　1/16　印张:14.75　字数:205千字　插页:1
版次:2019年7月第1版　　2019年7月第1次印刷
ISBN 978-7-307-21062-2　　定价:40.00元

前　　言

迄今为止，国内外地理信息标准化建设和研究已取得了长足进展。国内外专家学者在地理信息标准化建设模型方法、共享与互操作技术标准、概念模式的描述、标准一致性测试、地理信息数据标准、地理信息应用服务标准、地理信息标准依存主体等方面已经取得一定成果，但是对标准化系统合理高效管理的研究尚不多见。对于地理信息标准化这一有特定目标的社会活动而言，运用系统工程组织管理、开展工作，对地理信息标准内部各要素之间的关系及其同外部环境间的关系进行协调，有利于加快地理信息标准理论研究和标准建设的速度，取得尽可能大的社会经济效益。此外，全球性产业结构的改变和科学技术的不断发展既给地理标准化工作带来了挑战也带来了新的发展机遇，模块化作为适用于解决复杂系统问题的创新概念，日益受到国内外学者和产业部门的重视。因此探讨信息时代地理信息标准化的高级形式——"模块化"的建设，在一定程度上具备科研创新和前沿意义。

本书是总结作者参加国家及地方各项科技攻关课题、科研项目等标准研究工作的实践经验而成，内容包括 9 章。第 1 章为绪论，阐述选题的背景及研究的动因；归纳国内外标准化研究发展历程；分析 ISO/TC 211、OGC、CEN/TC 287 等国际性、区域性地理信息标准化组织研究现状和特色并加以比较；分析我国地理信息标准化现状；指出本书的主要研究方法，制定研究路线。从第 2 章开始进入主体部分，从系统工程的角度分析地理信息标准化系统的内涵及其他系统要素。首先界定地理信息标准化系统的范围；其次对我国当前地理信息标准化系统环境进行分析，制定可供参考的发展战略；然后构建地理信息标准化系统建设目标树，分别制定建设总目标和分系统子目标；最后尝试对系统进行定性、定量分析。第 3 章是对地理信息标准系统管理的研究。首先研究地理信息标准系统管理原理、管理内涵；其次将系统效应原理应用到地理信息标准系统管理中，研究标准系统个体效应、系统效应原则；再次从"大成智慧"知识集成、语义一致性、指导实践三个角度研究地理信息标准系统的目标优化；然后把结构优化应用到地理信息标准系统管理中，分析实现结构优化的途径，建立地理信息标准系统层次结构、编制地理信息标准体系表；最后研究地理信息标准系统的有序化管理，研究熵理论在有序化管理中的应用，以促进地理信息标准系统走向有序发展。第 4 章从计算机支持协同工作、工作流的角度研究地理信息标准化工作系统管理，分析地理信息标准化工作系统的管理要点和计算机支持下地理信息标准化工作系统工作流参考模型，并制定工作流体系结构和流程。在此基础上，从系统的角度分析地理信息标准化工作系统的运行控制管理，体现在工作流过程的反馈控制和系统资源的质量控制上，并制定相应方案。第 5 章是对前沿理论——模块化的研究探索。比较、分析、总结模块化这一标准化高级形式的内涵和分类；定义地理信息标准模块化操作符；设计地理信息标准模块化设计的总体流程，制定设计规则，进行模块化战略设计，最终从生产模块化和组织模块化的角度构建地理信息标准模块化结构。第 6 章是实例研究。首先从模块化视角建设空间基础信息平台标准体系表；其次从生产模块化的角度详细分析空间基础信息平台标准系统（体系）的建设和管理。第 7 章从模块化视角构建标准化工作系统内涵，从应用模式构建的角度研究了应用模式、设计模式，从中提炼出可供空间基础信息平台借鉴的经验。第 8 章探讨大数据时代地理信息标准化面临的机遇和挑战，展望了地理信息标准化主要在开放共享、安全与隐私保护两大方面的应用前景。第 9 章总结了本研究的主要观点及其意义，并指出本研究的不足和有待改进之处。

　　本书由白易负责编写总体设计、撰写和定稿工作，共撰写约 13.5 万字。另外陈瑞波对第 7 章中的应用模式研究的撰写工作(约 1 万字)也做出了贡献。

　　由于作者水平有限，书中难免有不妥之处，出现错误和不足，敬请读者谅解，欢迎批评指正，以期改进。

白　易
2019 年 5 月于贵州省流域地理国情监测重点实验室

目　录

1 绪　　论

1.1　研究背景和意义

两千多年前孟子提出了"不以规矩，不能成方圆"的观点，对于一个行业、一家企业、一种产品而言，规矩就是指标准，"不以规矩　不能成方圆"至今仍被视作揭示标准化本质特征的名言。在知识经济飞速发展的今天，标准化在建立现代化生产最佳秩序、提高产品质量、防止技术壁垒、协调各生产部门活动、促进国际技术交流和贸易发展、提高产品在国际市场上的竞争能力、促进经济全面发展、建设创新型国家等方面起着不可替代的重大作用。在标准化发展初期，人们制定标准的目的往往是为了解决某个具体的技术性问题，存在方式孤立、零散，内容较为单一。第二次世界大战以后，随着全球科学生产方式和手段的转变、现代化进程的加快，系统工程得以广泛应用，标准化进入到系统工程领域，以有效的管理手段存在并产生作用，人们逐渐用哲学和系统论分析标准化工作的作用和发展趋势，用系统的观点解释标准化原理、发展标准化工作，这既是现代标准化的显著特征之一，也是标准化发展的必然趋势。1979 年 10 月，著名科学家钱学森在北京系统工程学术讨论会上提出包括"标准系统工程"在内的 14 门系统工程专业，倡导要在我国建立以系统理论为指导的"标准系统工程"。从当前世界经济、技术发展的状况和趋势来看，标准化发展已经进入了一个崭新时代，绝大多数国家的标准化已经积累了一定基础，数量众多、内容可观，既以系统的方式存在，又以系统的形式发挥作用。系统性成为标准化在这个时代表现出来的最突出特点。标准化工作的这种系统特征还将随着生产的进一步社会化、科学技术的进步而日益突出。

地理信息是国家经济和社会发展的重要基础性战略资源。地理信息系统(GIS)是在计算机软硬件的支持下，运用系统工程科学的理论和方法，综合地、动态地获取、存储、传输、管理、分析和利用地理信息的空间信息系统。它具有数据采集与输入、存储与管理、信息查询与空间分析、空间决策支持、地图制图与输出等功能。当前，地理信息系统已在世界各国经济发展、国家安全和公众生活等方面得到广泛应用，逐渐形成了由地理信息及其服务和服务平台等要素构成的 GIS 产业。随着信息技术、计算机科技、遥感技术、全球定位系统等高新技术研发与应用的迅速发展，社会各界对地理信息的需求越来越迫切，对地理信息共享提出了越来越高的要求，地理信息标准化工作的重要性愈发明显。地理信息标准化的任务包括设计、组织、建立国家、地区的地理信息标准体系，以促进社会生产力的持续、高速发展。它是解决地理信息共享、服务互操作与系统集成等资源重用与过程协同问题的关键，是引导与规范 GIS 产业化和产业健康发展的基础。地理信息标准化的研究和制定是实现跨部门、跨地区信息资源整合、集成、交换、共享和服务的基本保障，也是推动国家对地观测系统建设与应用、促进卫星导航定位产业和整个地理信息产业发展的前提和基础。同时，地理信息标准化也是一门系统工程，将系统工程方法应用到地理信息标准化中，能促进标准化工作者的思维方式由个别性改变为整体性，加强对标准化对象的整体思维，更加关注相关专业标准方面的内部规律之间的联系，从全局性、完善性的角度考虑标准化问题。

20 世纪 80 年代初，美国著名未来学家 Toffler 在《第三次浪潮》一书中预言今后的社会将是一个"打破标准化后"的多样化社会，托夫勒认为制造业将发生一场"剧变"，计算机设计和其他先进技术的应用会促使越来越少的零件完成越来越多的功能,可以用一个"整体"来取代许多单个零件,这样可摆脱那种"因为产品被分成零件然后又煞费苦心地重新组装起来"的装配式生产方法。可以看出,托夫勒要"打破"的是工业化时代的、行将过时的标准化。1997 年,哈佛商学院前院长 Kim B. Clark 和副院长 Carliss Y. Baldwin 在《哈佛商业评论》上发表的《模块时代的管理》一文里提出了"模块化"这一概念。他们指出,"'模块化'是解决复杂系统问题的新方法"、"现在已进入'模块化'的大发展时期"。他们认为,在信息技术发展的背景下,模块化有利于解决产业结构发生根本性的变化而带来的系列问题。该观点在国际经济、产业界引起巨大反响,并得到斯坦福大学经济学教授兼日本经济产业研究所所长青木昌彦的共鸣。青木昌彦教授意识到模块化理论对解决产业结构问题具有特殊意义,于 2001 年举办学术研讨会之际把模块化作为"调整日本经济产业结构、振兴日本经济的一把钥匙"正式引入日本。我国标准化专家李春田教授在分析国内外标准化历程和趋势的基础上,指出标准化"不会消亡",适应信息时代要求的标准化、标准化的新制高点便是模块化。模块化是现代标准化的核心和前沿,是标准化原理在信息时代应用上的发展,是一个由模块体系组成的新型系统工程。模块化是标准化的高级形式,"不占领模块化这块阵地,就谈不上标准化的现代化"。

地理信息标准化建设发展到今天,从数量上和质量上都已经奠定了相当坚实的基础,地理信息标准在地理信息领域/行业及相关领域里已经发挥了重要的引导和规范作用。国内外专家学者对模型方法、共享与互操作技术标准、概念模式的描述、标准一致性测试、地理信息数据标准、地理信息应用服务标准、地理信息标准依存主体等方面已经取得一定成果。但对地理信息标准化系统进行合理高效管理的研究尚少见。地理信息标准以系统方式存在并发生作用,其系统的性质决定了它必须依靠人来管理、必须探索同这个系统特点相适应的管理原则和方法。系统工程是组织管理"系统"的规划、研究、设计、制造、试验和使用的科学方法。对于地理信息标准化这一有特定目标的社会活动而言,运用系统工程对地理信息标准化的全过程进行组织管理，对地理信息标准内部各要素间的关系以及同外部环境间的关系进行协调，有利于解决地理信息标准系统发展过程中的各种矛盾，加快地理信息标准理论研究标准建设的速度，保证地理信息产品质量，取得尽可能大的社会经济效应。

近年来全球性的金融危机、产业结构的改变对各国经济和标准化体制带来了严峻考验，也为我们带来了新的发展机遇。当前技术创新的热潮已经掀起，地理信息标准化建设面临着技术革命的挑战，探讨信息时代地理信息标准化的高级形式——"模块化"的建设具有一定科研前沿意义。

1.2　国内外标准化研究进展

1.2.1　标准化研究发展历程

1.2.1.1　标准化发展简史

标准化的历史可以追溯到几千年前，其发展历程可以分为标准化思想萌芽时期、古代标准化时期、近代标准化时期、现代标准化时期四个阶段。

1. 标准化思想萌芽期

远古时代，人类在与自然的生存搏斗中为了传达信息、交流情感渐渐产生了公认的原始语言，产生了各种象形文字、符号、记号。同时开始制造各种工具，其样式形状从多样走向统一，这些都是初始的标准化思想。

2. 古代标准化时期

人类社会产业分工过程中，为了物质资料的公平交换、为了提高生产力，对器物、工具、技术的规范化与标准化便成了迫切需求。例如，秦始皇统一度量衡是有目的的标准化，是当时生产力发展的要求，也说

明标准化是社会经济发展的基础。宋代的活字印刷术，是中国古代标准
化应用的里程碑，运用了标准件、互换性、分解组合、重复利用等标准
化工作原理。

3. 近代标准化时期

到了以机器生产、社会化大生产为基础的近代，标准化活动进入定
量化阶段、工业标准化体系快速发展。

例如，1798 年美国人在武器工业中运用互换性原理以批量制造零
部件(来复枪)，大大提高了工作效率；1911 年美国人泰勒发表了《科学
管理原理》，阐述标准化方法是科学管理的方法；1927 年美国总统胡佛
就提出了"标准化对工业的极端重要性"的论断；从 1916 年至 1926 年，
有 25 个工业化国家相继成立了国家标准化组织，于 1926 年进而成立了
国家标准化协会国际联合会 (International Standardization Association，
ISA)，标准化工作范围从机电领域扩展到其他行业；1946 年，国际标
准化组织(International Organization for Standardization，ISO)正式成立。

4. 现代标准化时期

现代工业伴随而来的必然是标准化的现代化。现今正在世界范围内
迅速发展的信息革命和以 WTO 为标志的经济全球化，对人类社会生产
生活产生了重大影响，标准化进入了崭新的时代。该时期的显著特点
是：与经济全球化相适应，整体化、系统化、动态化、复杂化。

标准化发展历程和特点如图 1.1 所示。

自从现代标准化在经济发展中的作用日益突出以来，在现代标准化
过程中出现了几次较为明显的跨越式发展：

(1)标准化由企业级别规模提升为国家级别规模。自 1901 年到
1921 年间，世界上工业较为发达的国家开始组建标准化机构，主要是
国家级别的标准化机构。这些机构制定了大量的国家级别标准，使标准
化由单个的、一家一户的企业工厂规模提升到国家级别规模。是一次具
有历史意义的标准化发展的跳跃。

(2)标准化由国家规模迈向国际规模。伴随着 IEC 和 ISO 等国际标

5

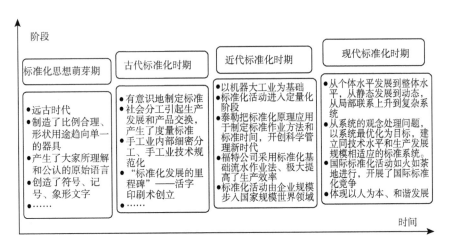

图 1.1　标准化研究发展阶段及其特点示意图

准化组织的建立，工业发达国家的标准化从国家领域迈向世界规模。由于受世界大战的影响，到 20 世纪 60 年代至 20 世纪 80 年代，这些国际标准化机构才开始真正发挥作用。这些机构根据时代的需求制定了有助于产品生产、商品流通的大量国际性标准，包括基础性标准、产品标准、方法性标准等。

(3)标准化新的飞跃发展期。从 20 世纪 80 年代起至今，随着国际贸易的迅速发展、新产业技术革命的兴起，尤其是信息技术突飞猛进的发展，标准化对象系统规模越来越大、越来越复杂，传统的标准化面临着新的挑战，国际标准化机构、各国的标准化组织都在积极采取对策。可以说这 30 多年中酝酿着一场标准化的新革命，标准化又将发生一次飞跃。

在标准化的发展史上，比较主要的在全世界广为流行的标准化形式有：简化、统一化、通用化、系列化、组合化、模块化。不同的标准化形式有其不同的内容，并产生了不同的功效。标准化的科学意义和经济价值几乎都通过这些生动的形式表现出来。人类的标准化创造也大多通过这些形式体现出来。

1. 简化和统一化

这是最早出现的标准化形式，是人类最初的标准化创举，无论是有意识的标准化还是无意识的标准化都可以追溯到久远的从前。简化着眼于精练，统一化则着眼于一致性。二者相辅相成、交替运用、互为因果。无论是古代还是现代，人类一直在对事物的复杂性进行简化并用统一化建立共同遵循的秩序。

2. 通用化、系列化、组合化

这是工业化时代发展起来的标准化形式。它们的共同特点是体现了社会化大生产的客观要求，为创造机械化、自动化生产的高效率和资本主义市场经济的高效益提供了科学途径。

通用化最初是制造业的一个创造。当制造业从工场手工业迈向大机器工业过程中，一方面创造了成批、大量的生产方式，一方面开辟了广阔的市场。通用化在技术上的前提条件是互换性技术。到底是通用化的客观要求催生了互换性，还是互换性造就了通用化？虽然还不易说清楚，但是它们同时并存、互为因果这一点是肯定的。通用化一经被应用，就显示出独特的经济意义。当通用化从企业内部延伸到企业之间，从一个行业扩展到另外的行业时，它就为更大范围内的统一化奠定了基础。通用化至今还被作为一种设计原则被普遍应用着。

系列化和组合化也是制造业的杰出创造。它们是资本主义市场激烈竞争的产物。在技术进步的速度加快、商品过剩、形成明显的买方市场的情况下，市场竞争的环境发生了显著变化。在顾客驱动市场、市场主导制造业的生产形势下，企业面对的市场不仅稳定性低、快速多变，而且需求日益呈现出高质量化、层次化、多样化和个性化的特点。以往那种靠单一品种大量生产的经营模式，已经难以应付新的市场挑战。

系列化和组合化就是在这种经济、技术背景下被企业作为产品开发的竞争策略而推广应用。系列化可以说是企业"优势的延伸策略"。所谓"优势的延伸策略"，是指企业原有的优势遇到挑战，原本畅销的产品销售量下降。在这种情况下，企业不是把原有的一切推倒重来，而是充分利用已有的资源和优势，扩展、延伸自己的专长。在充分掌握市场需求的情况下，以老产品为基础，利用系列产品的独有特点，开发能更好满足市场需求的派生、变型产品，保持市场的优势地位。组合化可以说是"以少变求多变，以组合求创新"的开发策略。组合化的特点是通过可互换的标准单元组合为物体，这些单元又可重新拆装，组成具有新功能的新物体或新结构，而结构单元可以多次重复利用。可见，组合化的应变机理就是以组合单元的变来应对需求的变（而不是以整个产品的变来应对需求的变），有时改变某些单元的种类，有时只改变单元的组合方式。这样就能以不变应万变，以少变应多变，以组合求创新。

3. 模块化

模块化也是工业化时代的产物，大约是 20 世纪中期发展起来的一种标准化形式。它产生的背景同产品和工程的复杂程度增高有极密切的关系。高度复杂的现代化的舰船武器系统、大型装备、航天器和电子设备等产品的快速设计和快速生产向传统的设计方式和生产模式提出了挑战。一些工业发达国家研制的舰船武器系统、指挥系统和火控系统，早在 20 世纪 70 年代就已经采用了模块化的设计方法，而英国从 60 年代后期就开始应用模块化概念开发武器系统。由于集成电路的发展，美国首先出现了标准电子模块，美国海军从 20 世纪 70 年代开始大力推广这一技术。当人类的设计、研发、制造活动面对着如此庞大、复杂的系统时，通常的处理和思考问题的方法已无能为力。其信息量之巨大，远远超出人的大脑处理信息的能力。在这种情况下，需要把大系统分割成若干个相对独立的部分，变复杂为简单，从而使问题易于解决。随着经济的发展和技术创新步伐的加快，复杂的大系统日渐增多，模块化也就成了人们用来处理复杂问题的常用方法。

模块化是以模块为基础，综合了通用化、系列化、组合化的特点，解决复杂系统类型多样化、功能多变的一种标准化形式。模块化的对象是可分解的结构复杂、功能多变、类型多样的复杂系统。模块化操作有利于减少复杂性，创造多样性和多变性。因此，模块化是标准化的一种高级形式。

标准学是把标准化作为社会的一项活动，历史的经验教训是什么？到底应该怎么组织？它不光是自然科学问题，还是政治问题、经济问题；它介乎自然科学和社会科学之间，社会科学成分更多一些。标准化系统工程的方法是有的，运筹学、控制论、电子计算机等等。所以方法这部分不担心，只要有理论，就可以组织干。因此，标准化研究的重点是研究标准学。

1.2.1.2　1949 年以来我国标准化发展历程

1949 年以来我们先后经历了解放初期的初步发展阶段，改革开放初期的迅速发展阶段，标准化法颁布以后的健康发展阶段，以及市场经济条件下标准化与世界接轨的重要发展阶段。

新中国成立后，中国共产党和政府十分重视标准化事业的建设和发展。1949 年 10 月成立了中央技术管理局，内设标准化规格化处，当月审查批准了中央技术管理局制定的"中华人民标准"《工程制图》，这是新中国成立后颁布的第一个标准。此后，陆陆续续颁布了我国第一批钢铁标准、化工标准、石油标准、建材标准、机械等标准。1958 年国家技术委员会颁布了第一号国家标准 GB 1—58《标准幅面与格式　首页、续页与封面要求》。1962 年国务院发布了我国第一个标准化管理法规《工农业产品和工程建设技术标准管理办法》，对标准化工作的方针、政策、任务及管理体制等都做出了明确的规定。1963 年 4 月召开了第一次全国标准化工作会议，编制了 1963—1972 年标准化发展 10 年规划。1978 年 5 月国务院批准成立了国家标准总局。1979 年 7 月 31 日国务院批准颁布了《中华人民共和国标准化管理条例》，在总结我国 30 年来标准化工作正反两方面经验的基础上，根据"全党工作着重点转移到社会主义现代化建设上来"这一新形势对标准化工作提出的新要求、新任务而制定的。它是 1962 年《管理办法》的继续和发展。1988 年 7 月国务院决定成立国家技术监督局，统一管理全国的标准化工作。为了发展社会主义市场经济，促进技术进步，提高社会经济效益，维护国家和人民的利益，第七届全国人民代表大会常务委员会第五次会议于 1988 年 12 月 29 日通过了《中华人民共和国标准化法》，并于 1989 年 4 月 1 日施行。标准化法的颁布，对于推进标准化工作管理体制的改革，发展社会主义市场经济有着十分重大的意义。2001 年成立了国家质量监督检验检疫总局(现为国家市场监督管理总局)。并于同年 10 月正式成立中华人民共和国国家标准化管理委员会，它是中华人民共和国国务院授权履行行政管理职能、统一管理全国标准化工作的主管机构。

总的来说，新中国成立以来我国的标准化积累了半个多世纪的实践经验，特别是改革开放以来，标准化工作得到了快速发展，表现在：

(1)在组织方面，国家认证认可监督管理委员会统一管理全国合格评定工作。2018 年 3 月，根据第十三届全国人民代表大会第一次会议批准的国务院机构改革方案，将中华人民共和国国家标准化管理委员会职责划入国家市场监督管理总局。国家市场监督管理总局对外保留国家标准化管理委员会牌子。以国家标准化管理委员会名义，下达国家标准计划，批准发布国家标准，审议并发布标准化政策、管理制度、规划、公告等重要文件；开展强制性国家标准对外通报；协调、指导和监督行业、地方、团体、企业标准工作；代表国家参加国际标准化组织、国际电工委员会和其他国际或区域性标准化组织；承担有关国际合作协议签署工作；承担国务院标准化协调机制日常工作。

(2)在方针政策和工作实践方面，将标准化工作纳入国民经济五年计划，并制定了《中华人民共和国标准化法》《中华人民共和国产品质量认证管理条例》等法律法规，使标准化工作走上了依法开展的轨道；制定了几万余项标准，涉及经济社会发展的方方面面；

(3)在理论建设方面，著名科学家钱学森对标准化理论建设给予了关心和指导；国家标准总局于 1979 年开始组织编写高等学校标准化教材，1982 年由中国人民大学出版社出版了《标准化概论》一书，到 2014 年 7 月出版了该书的第六版；1992 年以张锡纯教授为首的航空工业标准化专家以系统工程理论和方法为指导,结合推行综合标准化的实践经验,研究并编写了《标准化系统工程》,对多年来积累的经验和理论研究成果进行了系统总结。

总之,现今我国标准化既面临着经济全球化、国际科技竞争带来的挑战,也获得了新的发展机遇、具备广阔的发展空间。

1.2.2 国际地理信息标准化工作进展

1.2.2.1 总体进展

当前,国际地理信息标准和规范的发展非常迅速,各国纷纷关注和大力发展地理信息标准。地理信息标准化研究和制定的国际合作、区域合作也十分密切,成立了全球官方地理信息标准组织 ISO/TC 211(国际标准化组织地理信息标准技术委员会,1994 年成立)和以 OGC(开放地理空间信息联盟,Open GIS Consortium,1994 年成立)为代表的国际论坛性地理信息标准化组织,以及 CEN/TC 287(欧洲地理信息标准化委员会,1992 年成立)等区域性地理信息标准化组织。在其成员的共同努力和积极参与下,这些组织开展了全面的地理信息标准化研究工作,制定出了一系列国际通用或合作体成员通用的标准、规范,如 ISO/TC 211 地理信息标准、OGC 制定的 Open GIS 等,这些标准的内容主要包括空间数据模型和空间服务模型以及在此基础上的空间数据共享和互操作等。地理信息标准化向着更深层次和更广泛的应用领域发展。

1.2.2.2 ISO/TC 211

国际标准化组织于 1994 年 3 月召开技术局会议,决定成立 ISO 地理信息技术委员会(Technical Committee of Geographic Information/Geomatics,ISO/TC 211),秘书处设在挪威,主席为挪威测绘局信息技术部国家地理信息中心主任 Olaf Ostensen 先生。ISO/TC 211 致力于数字地理信息领域/行业标准化工作。截至 2018 年 4 月 11 日,参加 ISO/

TC 211 的积极成员（即 P 成员）有 32 个，观察成员（即 O 成员）有 31 个。

ISO/TC 211 是目前最具国际权威性的 GIS 标准化组织。ISO/TC 211 的标准化工作范围是数字地理信息领域/行业，主要任务是针对间接或直接与地球上位置相关的目标（现象）信息，制定一套标准，以确定地理信息数据管理、采集、处理、分析、查询、表示，在不同用户、不同系统、不同地方之间转换的方法、工艺和服务。

ISO/TC 211 的工作组可根据工作任务撤销、新建。目前工作组有五个：地理空间数据服务工作组（WG4）、影像工作组（WG6）、公共信息工作组（WG7）、信息管理工作组（WG9）和普适公共信息访问工作组（WG10）。如图 1.2 所示。

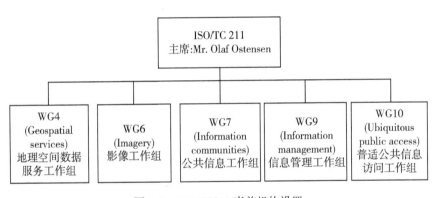

图 1.2 ISO/TC211 当前机构设置

到目前为止，ISO/TC211 已举办了 47 次全体会议，第四十七次会议于 2018 年 11 月 12 日至 16 日在武汉召开，会议由国家基础地理信息中心和武汉大学共同承办。2019 年于斯洛文尼亚马里博尔召开第四十八次全体会议。我国是 ISO/TC 211 的 P 成员国，参加了从 1994 年 11 月召开的 ISO/TC 211 第一次会议至今的历次会议（2003 年 5 月第十六次会议因"非典"缺席），并于 1998 年、2007 年、2014 年分别在北京、西安、深圳承办了第七次、第二十五次、第三十九次 ISO/TC 211 全体会议暨工作组会议。国家基础地理信息中心作为 ISO/TC 211 的国内技术归口单位，均参与了具体承办工作。ISO/TC 211 迄今为止召开全体会议如表 1.1 所示：

表 1.1　　　　　　　　**ISO/TC211 全体会议一览表**

会议	时间	地点
ISO/TC 211 第一次全体会议	1994 年 11 月 10—11 日	挪威　奥斯陆
ISO/TC 211 第二次全体会议	1995 年 8 月 28—29 日	美国　华盛顿
工作组联席会议	1995 年 12 月 4—8 日	挪威　奥斯陆
ISO/TC 211 第三次全体会议	1996 年 5 月 30—31 日	韩国 汉城(现首尔)
ISO/TC 211 第四次全体会议	1997 年 1 月 23—24 日	澳大利亚　悉尼
ISO/TC 211 第五次全体会议	1997 年 10 月 2—3 日	英国　牛津
ISO/TC 211 第六次全体会议	1998 年 3 月 5—6 日	加拿大　维多利亚
ISO/TC 211 第七次全体会议	1998 年 9 月 24—25 日	中国　北京
ISO/TC 211 第八次全体会议	1999 年 3 月 4—5 日	奥地利　维也纳
ISO/TC 211 第九次全体会议	1999 年 9 月 29—30 日	日本　京都
ISO/TC 211 第十次全体会议	2000 年 3 月 9—10 日	南非　开普敦
ISO/TC 211 第十一次全体会议	2000 年 9 月 7—8 日	美国　雷斯顿
ISO/TC 211 第十二次全体会议	2001 年 3 月 8—9 日	葡萄牙　里斯本
ISO/TC 211 第十三次全体会议	2001 年 10 月 25—26 日	澳大利亚 阿德雷德
ISO/TC 211 第十四次全体会议	2002 年 5 月 23—24 日	泰国　曼谷
ISO/TC 211 第十五次全体会议	2002 年 11 月 14—15 日	韩国　庆州
ISO/TC 211 第十六次全体会议	2003 年 5 月 23—24 日	瑞士　图恩
ISO/TC 211 第十七次全体会议	2003 年 10 月 30—31 日	德国　柏林
ISO/TC 211 第十八次全体会议	2004 年 5 月 27—28 日	马来西亚　吉隆坡
ISO/TC 211 第十九次全体会议	2004 年 10 月 2—8 日	意大利　韦尔巴诺

会议	时间	地点
ISO/TC 211 第二十次全体会议	2005 年 6 月 9—10 日	瑞典　斯德哥尔摩
ISO/TC 211 第二十一次全体会议	2005 年 9 月 15—16 日	加拿大　蒙特利尔
ISO/TC 211 第二十二次全体会议	2006 年 5 月 25—26 日	美国　奥兰多
ISO/TC 211 第二十三次全体会议	2006 年 11 月 14—15 日	沙特阿拉伯 利雅得
ISO/TC 211 第二十四次全体会议	2007 年 5 月 31 日—6 月 1 日	意大利　罗马
ISO/TC 211 第二十五次全体会议	2007 年 10 月 29 日—11 月 2 日	中国　西安
ISO/TC 211 第二十六次全体会议	2008 年 5 月 26—30 日	丹麦　哥本哈根
ISO/TC 211 第二十七次全体会议	2008 年 12 月 1—5 日	日本　筑波
ISO/TC 211 第二十八次全体会议	2009 年 5 月 28—29 日	挪威　莫尔德
ISO/TC 211 第二十九次全体会议	2009 年 11 月 5—6 日	加拿大　魁北克
ISO/TC 211 第三十次全体会议	2010 年 5 月 24—28 日	英国　南安普顿
ISO/TC 211 第三十一次全体会议	2010 年 12 月 6—10 日	澳大利亚　堪培拉
……	……	……
ISO/TC 211 第三十九次全体会议	2014 年 11 月 24—28 日	中国　深圳
ISO/TC 211 第四十次全体会议	2015 年 6 月 12—16 日	英国　南安普顿
ISO/TC 211 第四十一次全体会议	2015 年 12 月 7—11 日	澳大利亚　悉尼
ISO/TC 211 第四十二次全体会议	2016 年 6 月 13—17 日	挪威　特罗姆瑟
ISO/TC 211 第四十三次全体会议	2016 年 11 月 28 日—12 月 2 日	美国　雷德兰兹
ISO/TC 211 第四十四次全体会议	2017 年 5 月 29 日—6 月 2 日	瑞典　斯德哥尔摩
ISO/TC 211 第四十五次全体会议	2017 年 11 月 27 日—12 月 1 日	新西兰　惠灵顿

续表

会议	时间	地点
ISO/TC 211 第四十六次全体会议	2018 年 5 月 28 日—6 月 1 日	丹麦　哥本哈根
ISO/TC 211 第四十七次全体会议	2018 年 11 月 12—16 日	中国　武汉
ISO/TC 211 第四十八次全体会议	2019 年 6 月 3—7 日	斯洛文尼亚　马里博尔

数据来源：ISO/TC211 网站 http：//www.isotc211.org

　　ISO/TC 211 制定标准的基本思路是确定论域→建立概念模式→实现操作。用现成的数字信息技术标准与地理方面的应用进行集成，建立地理信息参考模型和结构化参考模型，对地理数据集和地理信息服务从底层内容上实现标准化。ISO/TC 211 制定地理信息国际标准系列，这些标准将支持理解和使用地理信息，增加地理信息的实用性、访问、集成和共享，使异地、异构计算机系统间空间数据能实现互操作，为全球社会生态的发展提供统一的方法和途径，使全球的、区域的、局部的地理空间基础设施的建立更加容易，为全球可持续发展做出贡献。

　　总的来说，ISO/TC211 制定的标准具有以下技术特点：

　　(1)先建标准体系，后研究、制定标准；

　　(2)强调互操作性、信息和计算；

　　(3)尽可能采用现有的信息技术标准化手段来开展地理信息应用于服务领域的标准化活动，使现成的数字信息技术与地理方面的应用达到有机集成；

　　(4)所制定的标准属于理论上的基础标准，一般不涉及生产性标准，因此很难直接用于生产；

　　(5)从地理信息数据集底层开始标准化，因此能保证地理信息标准化的实现与特定的产品、软件或地理信息技术无关；

　　(6)标准不针对个别特定应用，不涉及具体作业标准，而是用宏观标准来构架，注重于客观理论性描述，从整体上来确定。当某个特定应用需要标准时，应当运用专用标准实现；

1.2.2.3 OGC

OGC（开放式地理信息系统联合会，Open Geospatial Consortium）成立于 1994 年，是一个拥有国际成员的行业组织机构，由地理信息企业、数据库企业和科研机构等不同实体联合组成，为实现地理信息的互操作而成立的非营利性地理信息技术与标准化国际组织。现有包括软件公司、政府部门和大专院校在内的成员 220 多个。OGC 的代表来自美国、澳大利亚、奥地利、加拿大、德国、意大利、法国、希腊、荷兰、日本、新加坡、瑞士、英国、挪威、朝鲜等国家。OGC 的主要任务是研制公众可用的开放式地理信息规范 OGIS（Open Geographic Information Specifications），使之具备在网络环境中透明地共享异构地理数据、处理地理信息资源的能力。

OGC 制定标准的目标是把分布式计算、中间件软件技术、对象技术等通过信息基础设施用于地理信息处理，把地理空间数据、地理处理资源集成到主流的计算技术中。将关键的专家集中在一起，提供多数人满意的关通用接口的正式的结构，在网络环境下为透明地访问不同种类的地理数据和地理数据处理资源建立规范，提供全面的开放接口规范，以便软件开发者编写互操作组件。

OGC 用两种方法研制 GIS 行业标准：正规的标准研制程序（Specification Program，SP），与其他标准组织用于研制标准的程序相似；互操作计划（Interoperability Program，IP），提供一套综合的开放性接口规范，根据这些规范软件开发商可以编写互操作组件，以满足软件开发商之间的互操作需求。接口标准在成为 OGC 的规范之前通过 SP 多次进行精加工。

OpenGIS 提出的软件开发规范包括抽象规范（Abstract Specification，AS）与执行规范（Implementation Specification，IS）两类，如表 1.2 所示。

抽象规范主要描述地理处理"是什么"、地理数据"是什么"，也即描述
数据与处理的内容和行为，它是如何设计互操作的地理处理软件的详细
指南。执行规范主要解决"怎么样"来实现软件接口和信息编码，它是
关于应用程序接口的软件规范，是抽象规范或基于抽象规范在具体的应
用领域的扩展。

表 1.2   OGC 开发规范一览表

抽象规范	执行规范
Topic 0　Abstract Specification Overview 抽象规范综述	SQL(SFS) 简单要素
Topic 1　Feature Geometry 要素几何结构	OLE/COM(SFS) 简单要素
Topic 2　Spatial Referencing by coordinates 空间坐标参考系统	CORBA(SFS) 简单要素
Topic 3　Locational Geometry Structures 位置几何结构	(CT) 坐标转换服务
Topic 4　Stored Functions and Interpolation 存储函数与插补	(Filter) 过滤器编码
Topic 5　The Open GIS Features OGC 要素	(GC) 栅格数据层
Topic 6　The Coverage Type 数据层类型	(KML)
Topic 7　Earth Imagery 地球影像	(SFA) 简单功能访问
Topic 8　Relations Between Features 要素之间的关系	(SLD) 样式层描述符
Topic 9　Quality 精度	(CAT) 目录接口

抽象规范	执行规范
Topic 10　Feature Collections 要素集合	（GML） 地理标识语言
Topic 11　Metadata 元数据	（OLS CORE） 开放位置服务 1-5：核心服务
Topic 12　The Open GIS Service Architecture 服务体系结构	（OLS NAV） 开放位置服务 6：导航服务
Topic 13　Catalog Services 目录服务	（WMC） Web 地图内容文档
Topic 14　Semantics and Information Communities 语义与信息团体	（WCS） Web 数据层服务
Topic 15　Image Exploitation Services 影像利用服务	（WFS） Web 要素服务
Topic 16 Image Coordinate Transformation Services 影像坐标转换服务	（WMS） Web 地图服务
Topic 17　Location Based Mobile Services 基于地点的移动服务	（WNS） Web 通知服务
Topic 18　Geospatial Digital Rights Management Reference Model（GeoDRM RM） 地理空间数字权利管理参考模型	（WPS） Web 处理服务
Topic 19　Geographic information-Linear referencing 地理信息-线性参考	（WRS） Web 注册服务
Topic 20　Observations and Measurements 观测和测量	（WTS） Web 地形服务
Topic 21　Discrete Global Grid Systems Abstract Specification 全球离散网格系统	

数据来源：2018 年 12 月，统计自 OGC 网站 http：//www. opengeospatial. org/。

1. OGC 抽象规范

OGC 抽象规范如图 1.3 所示。

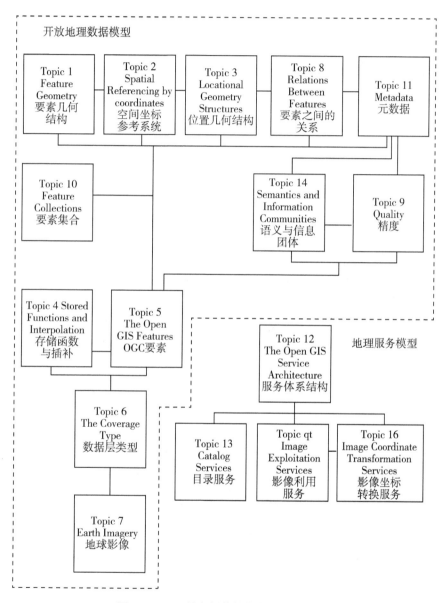

图 1.3 OGC 抽象规范的主题及相互关系

(Abstract Specification Topic Dependencies)

OGC 的抽象规范分为多个不同的主题,为在不同的地理信息系统、不同的分布式处理平台以及不同领域的信息团体之间实现开放的信息交流而提供基本模型,包括:综述(Topic 0)、要素几何结构(Topic 1)、空间坐标参考系统(Topic 2)、位置几何结构(Topic 3)、存储函数与插补(Topic 4)、OGC 要素(Topic 5)、数据层类型(Topic 6)、地球影像(Topic 7)、要素之间的关系(Topic 8)、精度(Topic 9)、要素集合(Topic 10)、元数据(Topic 11)、服务体系结构(Topic 12)、目录服务(Topic 13)、语义和信息团体(Topic 14)、图像利用服务(Topic 15)、图像坐标转换服务(Topic 16)。

2. OGC 执行规范

抽象规范只有通过编程进行测试、修改和完善才能成为可执行的规范。这些规范是软件工程规范,任何软件研制者能用该信息建立执行这些规范中一个或多个规范的产品。只有这样,该软件才能与执行同样规范的软件实现通信。已完成的执行规范有 OGC Reference Model、Geography Markup Language (GML)、Grid Coverage Service 等。

OGC 规范具有以下特点:①以大多数行业标准为基础;②是以自愿为基础的标准。不要求每个成员都使用该标准;但是 GIS 销售商要求产品符合 OGC 规范,因此 OGC 成员的产品必须通过 OGC 的一致性测试。

3. OGC 规范影响度高

OGC 规范影响度高的原因在于:第一,OGC 与 ISO/TC211 紧密合作,共同签订了一个谅解备忘录,OGC 成为 ISO/TC211 的联络员,(当可用时)ISO 19100 系列标准将取代 OGC 的抽象规范,OGC 致力于研制执行规范,OGC 将 OGC 规范提交给 ISO/TC211,以便通过 ISO 标准程序变成 ISO 的标准;第二,目前多数 GIS 销售商都采用该标准;第三,美国联邦的多数地理空间中介机构和其他机构都是 OGC 的成员,他们都要求销售商提供符合 OGC 规范的产品。

ISO/TC211 与 OGC 的比较:ISO/TC211 比 OGC 更为全面,更注重

标准本身的定义，可以指导地理信息系统开发和使用的各个方面工作；OGC 则是由许多著名的 GIS 软件开发商参与研制开发，更加注重软件的实现。

1.2.2.4 其他组织和国家

欧洲标准化委员会(Comité Européen de Normalisation，CEN)1992 年设立了地理信息技术委员会(CEN/TC287)。CEN/TC287 负责研究、制定地理信息标准以适用整个欧洲市场，其工作目标是通过信息技术来向现实世界里和空间位置有关的信息使用提供便利，用坐标、编码和文字来表达现实世界里的空间位置，建立间接坐标系，以此对信息技术领域的发展产生交互影响。CEN/TC287 的基本工作由 4 个工作组和 5 个研究小组负责进行，由法国任主席，挪威负责召集框架和参考模型(WG1)，法国负责召集数据描述和模型(WG2)；英国负责召集数据交换(WG3)；德国负责召集空间参考系统(WG4)。这 4 个工作组分别制定欧洲地区各个国家共同执行的地理空间信息标准。

1994 年 9 月，联合国亚太经社委员会(The United Nations Economic and Social Commission for Asia and the Pacific，UNESCAP)在吉隆坡召开了亚太地区 GIS 标准化指导专家组会。到目前为止，已经建立了地理空间信息基础设施常设委员会，组织了亚太地区各个国家编写和出版《亚太地区地理空间信息标准化指南》，以此帮助和协调亚太地区地理空间信息的标准化。

国际制图协会(International Cartographic Association，ICA)包括四个技术委员会：空间数据转换委员会、空间数据质量委员会、空间数据质量评价方法委员会、元数据委员会。ICA 积极参与地理信息标准化的研究，如参与 ISO/TS211 标准的制定和研究工作。

国际水道测量组织(International Hydrographic Organization，IHO)制定了"DX90 S-57"系列标准，该系列标准详细规定了如何生成数字水道测量数据。

除国际区域合作组织以外，发达国家也日益重视研究、制定和完善标准体系的工作。美国、德国、日本等发达国家把确保国际标准化战略、标准化政策、地理信息标准的市场适应性、研究开发政策的协调实施等工作作为制定实施标准化战略的重点，把科技开发同标准化政策统一协调。美国联邦地理数据委员会（Federal Geographic Data Committee, FGDC）的任务之一是研究制定美国国家地理空间数据标准，以便使数据生产商与数据用户之间实现数据共享，从而支持国家空间数据基础设施建设。在德国和日本，也有关于标准体系表的专著和论文大量发表。

1.2.3 国内地理信息标准化研究进展

自 1983 年起，我国开始进行地理信息标准化的系统研究。1984 年发表了第一部有关地理信息标准化的论著《资源与环境信息系统国家规范和标准研究报告》，俗称蓝皮书，该蓝皮书对我国地理信息系统标准化工作的建设产生了重要影响。我国地理信息标准化走的是一条自主发展的道路，既充分吸取国外先进经验、教训，又从我国的实际出发、从实践上加以验证，结合 GIS 技术发展和系统开发的需要，制定和发布实施了若干急需的标准。可以将我国地理信息标准化工作发展特点归纳为以下几个方面：

1. 在组织建设方面

1997 年 12 月成立了全国地理信息标准化委员会（CSBTS/TC 230），简称地理信息标委会。是在地理信息领域从事全国性标准化工作的非法人技术组织，主要负责地理信息领域国家标准的规划、立项建议、协调组织、制定研究、上报审查和技术归口管理工作。其宗旨是加快我国地理信息准化步伐，促进地理信息资源建设和应用，推进地理信息共享。受国家标准化管理委员会（以下简称国家标准委）委托，国家测绘地理信息局负责领导和管理地理信息标准化委员会的工作。CSBTS/TC 230 挂靠在国家测绘局，隶属国家技术监督总局。CSBTS/TC 230 的秘书处设在国家基础信息中心，与 ISO/TC 211 对口。

CSBTS/TC 230 的主要工作任务如下：

(1)分析地理信息领域标准化的需求，研究提出地理信息领域的国家标准发展规划、标准体系、标准制修订计划项目和组建分技术委员会的建议。

(2)负责地理信息国家标准项目提案及送审稿的审查，提出立项建议和审查意见；负责相关国家标准的复审工作，提出复审结论。

(3)协助组织地理信息国家标准的制修订工作。

(4)组织地理信息国家标准的宣传、培训和咨询工作，承担已发布国家标准实施情况的调查分析工作。根据国家标准委的有关规定，协助进行地理信息领域国家标准的对外通报和咨询工作。

(5)承担对重要地理信息工程项目的标准化审查工作，向有关行政主管部门提出地理信息领域标准化成果奖励项目的建议。

(6)根据国家标准委的有关规定，承担地理信息领域的国际标准化工作。

(7)组织地理信息标准化学术交流，跟踪、分析、翻译相关国际标准和国外先进标准，并提出采纳国际标准的建议。

(8)按照国家标准委的有关规定，负责管理分技术委员会，分技术委员会工作职责参照技术委员会工作职责执行。

(9)承担国家标准委、国家测绘地理信息局交办的地理信息标准化方面的其他工作。

2. 在标准研制方面

"七五"、"八五"期间以数据标准为核心，"九五"、"十五"期间以地理信息共享标准为核心，分别开展了多项地理信息标准的研究与制定修订工作；据《中国测绘报》2011 年 3 月 17 日报道，"十一五"期间我国已制修订了近 100 项基础性、关键性地理信息国家标准，并初步建立了国家地理信息标准体系；"十二五"期间标准制修订工作也卓有成效，围绕技术进步、需求变化以及事业快速发展需要，制修订并发布了 27 项国家标准、60 项行业标准、6 项计量检定规程、30 余项地方标准。

根据测绘地理信息标准化"十三五"规划，"十三五"期间，首先，要进一步完善标准体系，基本建立科学适用、结构合理、重点突出、与时俱进的新型测绘地理信息标准体系。显著增强标准化与科技创新、重大工程、产业发展的有机衔接和相互转化，制修订完成60项左右国家标准、80项左右行业标准。强化对地方标准、企业标准制修订的指导，探索培育团体标准。其次，使标准服务更加完备。营造测绘地理信息行业懂标准、用标准的良好标准化氛围，加大测绘地理信息标准宣传贯彻与培训力度，形成上下联动、以上带下的标准宣传贯彻新局面，实现国家级标准宣传贯彻与培训5000人次以上，带动地方培训80000人次以上。开展一批测绘地理信息标准化综合试点，完善多媒体网络化测绘地理信息标准服务体系。最后，显著提高国际化水平。力争主导编制4项以上测绘地理信息国际标准，参与国际标准化组织地理信息技术委员会（ISO/TC 211）30%以上国际标准的制修订。加大国际标准跟踪、评估和转化力度，推动与主要合作国之间的标准互认，促进与国际标准的接轨。

我国制修订并发布的相关标准有《基础地理信息数据分类与代码》《国家基本比例尺地图图式》《基础地理信息要素数据字典》《测绘标准体系表》《地理信息标准体系》《国土资源标准体系表》《军用数字化测绘技术标准体系表》《海洋测绘标准体系表》《地理实体空间数据规范》《自发地理信息收集处理规范》《轨道交通地理信息数据规范》《地图导航定位产品通用规范》《公开地图内容表示要求》等。

3. 在国际交流方面

我国积极参与 ISO/TC 211 会议及标准研制的各项活动，迄今为止，除2003年5月第十六次会议因"非典"缺席以外，全国地理信息标准化技术委员会已先后组团参加 ISO/TC 211 召开的历次会议，并于1998年在北京、2007年在西安、2018年在武汉承办了第七次、第二十五次、第四十七次 ISO/TC211 全体会议。我国还积极参与了其他地理信息标准化全球性和区域性组织的工作，如全球空间数据基础设施、全球测图国际指导委员会、亚太地区空间数据基础设施常设委员会有关的地理信息标准化工作，参加了《亚太地区 GIS 标准化指南》的编写工作。"十二五"期间，我国主导编制的首个地理信息国际标准《地理信息影像与格网数据的内容模型及编码规则》(编号：ISO 19163)正式发布，开创了我国参与地理信息国际标准化工作的新局面。

4. 在学术研究方面

我国现已出版了地理信息标准化方面的多部专业论著、刊发了数百篇研究论文，在宏观上发挥了指导及控制作用，在理论研究、理论与实践相结合方面建立了稳定的基础。

1984 年发表了《资源与环境信息系统国家规范和标准研究报告》。1999 年出版了我国第一本系统论述城市地理信息系统的书籍《城市地理信息系统标准化指南》，总结了城市地理信息系统标准化的经验和教训，系统地论述了城市地理信息系统标准化的总体框架及关键技术，为城市地理信息系统的标准化奠定了基础。2004 年先后出版了《地理信息国际标准手册》《地理信息国家标准手册》，分别介绍了 1SO/TC 211 首批立项制定的 19 个地理信息国际标准和我国已经制定并发布实施的与地理信息有关的国家标准和行业标准。这两本论著全面地阐述了国内外地理信息标准化的发展历程、现状和趋势，在国内外地理信息标准化领域形成对照，互为补充、相互呼应。2008 年国家测绘局编写出版了《测绘与地理信息标准化指导与实践》，系统地介绍了测绘与地理信息标准化基础知识、体系及规划，概括了现行测绘与地理信息标准，整合了测绘与地理信息标准化工作中常用的政策及法规，这是我国第一部全面介绍测绘与地理信息标准化的学术论著。2009 年出版了《地理信息共享技术与标准》，系统地介绍了地理信息共享技术和标准，目前国际上地理信息标准研究和制定的情况，以及我国过去、现在和将来需要制定的地理信息标准，既对当前地理信息共享理论和方法进行了深入的讨论，又对实现地理信息共享的技术标准的实践进行了总结。2015 年出版了《地球系统科学数据集成共享研究：标准视角》，2016 年出版了《测绘地理信息标准化教程》。

据统计(考虑到数据库收录时具有一定延时性,该统计数据为不完全统计),发表的地理信息标准化科研论文已有230多篇,内容涉及国内外标准研究进程现状及经验教训、标准体系研究和参考模型制定、产权政策和共享政策研究、标准质量评价和一致性测试等方面。

总的来说,我国地理信息标准化工作经历了从单一标准发展到系列标准、从系列标准发展到体系标准、从个别研究发展到多个领域、从传统技术发展到高新领域的过程,逐步实现了和地理信息有关的社会、经济、科技等领域信息分类编码标准体系的科学化、实用化、兼容配套化,为国家信息化工程建设提供了一个较完整的标准体系。但是在地理信息标准的理论基础、结构化、适用性、先进性上,我国与国际上地理信息标准化建设水平相比还有较大的差距,标准体系尚不完全符合市场需要、缺乏关键性标准、重复立项现象严重、工程项目标准与国家标准脱节,需要政府有关部门的高度重视,需要努力提高地理信息标准质量,加快研制、修订、颁布和实施地理信息标准的步伐,以适应高新技术的发展、适应地理信息产业化的需要,更好地与国际地理信息标准化接轨。

1.3 研究方法和技术路线

1.3.1 研究方法

本研究以管理学、系统工程学、控制论、协同学、统计学等为基础,综合运用其他学科如心理学、经济学、社会学的相关理论,借鉴国内外地理信息标准化研制的经验,根据现代标准化的特点,系统地研究和分析我国地理信息标准化系统的结构、环境、目标,对地理信息标准化系统各动态、静态因子及其之间的关系、工作流程进行优化管理,以期建立切实可行的、具备科研前沿性的标准化系统,为今后我国地理信息标准化的发展提供依据。本研究主要使用的研究方法可归纳为系统分析和战略分析，两种方法在全文研究中均有应用。

1. 系统分析的方法

系统分析最早是由美国兰德公司在"二战"结束前后提出并加以使用的。1945 年，美国的道格拉斯飞机公司，组织了各个学科领域的科技专家为美国空军研究"洲际战争"问题，目的是为空军提供技术和设备方面的建议，当时称为"研究与开发"（Research and Development，R & D）计划。1948 年 5 月，执行该计划的部门从道格拉斯公司独立出来，成立了兰德公司，"兰德"（RAND）是"研究与开发"英文的缩写。

从 20 世纪 40 年代末到 70 年代，系统分析沿着两条明显不同的路线得到迅速发展。一条路线是运用数学工具和经济学原理分析和研究新型防御武器系统。60 年代初期，美国国防部长麦克纳马拉把这套方法应用于整个军事领域，并很快在各政府部门推广，形成了著名的"计划-规划-预算系统（PPBS）"方法。在军事和政府部门的带动下，美国民间企业也开始应用系统分析方法来改善交通、通信、计算机、公共卫生设施的效率和效能；在消防、医疗、电网、导航等领域，系统分析方法也得到了广泛的应用。兰德公司认为，系统分析是一种研究方略，它能在不确定的情况下，确定问题的本质和起因，明确咨询目标，找出各种可行方案，并通过一定标准对这些方案进行比较，帮助决策者在复杂的问题和环境中作出科学抉择。

系统分析方法来源于系统科学。系统科学是 20 世纪 40 年代以后迅速发展起来的一个横跨各个学科的新的科学部门，它从系统的着眼点或角度去考察和研究整个客观世界，为人类认识和改造世界提供了科学的理论和方法。它的产生和发展标志着人类的科学思维由主要"以实物为中心"逐渐过渡到"以系统为中心"，是科学思维的一个划时代突破。系统分析是咨询研究的最基本的方法，我们可以把一个复杂的咨询项目看成是系统工程，通过系统目标分析、系统要素分析、系统环境分析、系统资源分析和系统管理分析，准确地诊断问题，深刻地揭示问题起因，有效地提出解决方案满足客户的需求。

地理信息标准化的建设是一项综合工程，涉及社会、经济、技术、信息科技、测绘、遥感、全球定位等多个方面，受到政府、科研单位、企业、其他用户的多重影响，是一个多功能、多因素的复杂系统。需要运用系统分析方法，也即综合性思考研究的方法来对地理信息标准化系统目标、要素、环境、资源等展开全面的深入研究。

2. 战略分析的方法

战略分析方法是指通过资料的收集和整理来分析系统的内部组织和外部环境的方法，包含组织诊断和环境分析两个部分，是战略咨询及管理咨询实务中经常使用的分析方法，包括 SWOT 分析法、内部因素评价法、外部要素评价法、竞争态势评价法、波士顿矩阵法等。

战略分析的目的即在全面和系统的战略分析的基础上得到具有科学性和前瞻性的战略，明确发展方向，制定清晰的发展阶梯和战略决策机制，确保战略在组织内得到充分沟通并达成共识，促使上下同心协力达成战略目标，不但重视短期绩效，更重视长期发展，最终实现整体业绩和核心竞争力不断提升。

使用战略分析方法对地理信息标准化系统进行全面和系统的环境、要素等分析，建立具有科学性和前瞻性的战略决策，有助于制定地理信息标准化系统科学的发展战略，明确发展方向，提升核心竞争力。

1.3.2　研究技术路线

根据研究目的和研究内容，本研究采取的技术路线如图 1.4 所示：

基于图 1.4 所示研究技术路线，本研究期望在以下方面取得一定程度的创新：

1. 视角、工具创新

本研究把对地理信息标准化系统工程的研究置于管理学视野，综合运用了协同理论、信息科学、战略分析、控制理论、心理学等方法，对地理信息标准化系统横向分布（标准系统、标准化工作系统、依存主

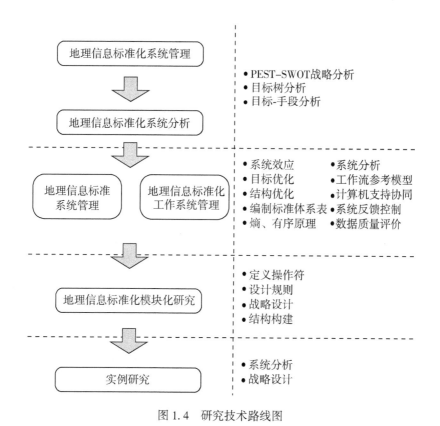

图 1.4 研究技术路线图

体)、纵向发展(工作流)进行了较为全面的分析研究,构建了地理信息标准化系统工程管理的方法论,并进行了多学科交叉的深入分析,既实现了标准化系统工程在地理信息领域/行业的有效运用,又突破了以往地理信息标准化研究偏向技术而极少注重系统管理的视野局限。

2. 理论、概念创新

将经济学产业结构中的新兴前沿理论"模块化"引入地理信息标准化系统管理,探讨模块化作为标准化的前沿如何在地理信息标准化系统中得以体现。从理论上建立了地理信息标准模块化内涵、基本操作符、流程设计、规则设计、战略设计,构建了适用于地理信息标准系统(体系)的生产模块化理论、适用于地理信息标准化工作系统的组织模块化理论。

3. 理论是实践的先导，本研究在建立了理论体系后力图在实证方面从模块化视角对地理信息标准化系统工程进行管理：从生产模块化的角度探讨了地理信息标准系统的管理，从组织模块化的角度研究了地理信息标准化工作系统的管理。

1.4　本章小结

标准化的研究历史悠久，标准化工作从以往的单个标准制定，已发展为研究一个领域/行业的标准系统，并衍生出了标准体系。国内外地理信息标准化工作已取得了丰硕成果，并在进一步发展。

标准化工作的系统特征将随着生产的进一步社会化与科学技术的进步而日益突出。

对于地理信息标准化这一有特定目标的社会活动而言，运用系统工程对地理信息标准化的全过程进行组织管理，对地理信息标准内部各要素间的关系以及同外部环境间的关系进行协调，有利于解决地理信息标准系统发展过程中的各种矛盾，加快地理信息标准理论研究标准建设的速度，保证地理信息产品质量，取得尽可能大的社会经济效益。

2 地理信息标准化系统分析

2.1 内涵界定

2.1.1 系统分析

"系统分析"一词源于美国兰德公司，兰德公司每年就美国国内、国际政策向美国政府、国会提供建议，人们称其为智囊团，由它发展的一套解决问题的方法称为"系统分析"。

汪应洛教授认为：系统分析是一个有目的、有步骤的探索过程。其目的是为决策者提供直接判断和决定优方案的所需信息资料。步骤是使用科学方法，对系统的目的、功能、环境、效益等进行充分的调查研究，把试验、分析、计算的各种结果，同预期的目标进行比较，然后整理成完整、正确、可行的综合资料，作为决策者择优的主要依据。

E. Quad 认为：系统分析是一种研究战略的方法，是在各种不确定条件下帮助决策者处理好复杂问题的方法。具体来说就是通过调查全部问题，找出目标与可能选择的方案，利用恰当的评价准则，发挥专家们的见解，帮助决策者选择一系列方案的一种行动。

在新学科词典上，作者认为：系统分析是一门由定性、定量方法组成的为决策者提供正确决策和决定系统优方案所需信息和资料的技术。它从系统总体优的观点出发，对系统的目的、功能、环境、费用、效益等进行充分的调查、搜集、分析和处理有关的数据和信息，并据此建立若干方案和必要的模型，并进行大量的仿真计算。在定量分析的基础上，考虑一些未能和无法列入模型的因素，综合考虑各替代方案，形成正确、可行的报告提交决策者。

广义上，系统分析就是系统工程；狭义上，系统分析是系统工程的一个重要组成部分，是在系统工程处理大型复杂系统的规划、计划、研制和营运问题时必须经过的一个逻辑步骤。

系统分析遵循内、外部因素相结合，当前、长远利益相结合，局部、总体效益相结合，定性、定量分析相结合等原则。采用系统分析方法对事物进行分析时，决策者可以获得对问题综合的、整体的认识，既不忽略内部各因素的相互关系，又能顾及外部环境变化所可能带来的影响；通过信息反馈，还能及时反映系统的作用状态，随时了解和掌握新形势的发展变化。

系统分析的主要步骤包括：明确问题和确定目标；搜集资料、确定因素及边界；建立系统分析模型；对各方案进行仿真计算；综合分析、确定最佳方案。

总的来说，系统分析是为了发挥系统的整体功能、达到系统的总目标，采用科学合理的分析方法，对系统的环境、目的、功能、结构、费用与效益等问题进行深入调查、细致分析、设计，经过不断的分析和探索，从而提出决策者关心的某项工程的设想和建议。

2.1.2 标准化系统工程

标准化是一项与国家利益密切相关的重要技术经济政策，是现代化大生产的关键措施和实现科学化管理的基础，还是提高产品质量、可靠性和经济效益的必由之路。

系统工程不是指某种或某项实体工程，而是一种以系统为对象的先进组织管理技术。它是现代化的方法论，是组织管理一个系统(具有特定目标的有机整体)的规划、研究、设计、制造、试验和使用的科学方法，对所有这类系统都具有重要意义。

把系统工程的观点和方法应用到标准化的社会实践中去，把标准化全过程组织管理好，以求取得最大的社会和经济效益，这就是标准化系统工程。标准化系统工程是系统工程专业中的一类，它运用系统科学和标准化的原理和方法，利用现代科学技术的一切成果，对特定的社会过程和技术过程的全部标准化活动进行规划、设计、组织、实施、管理和控制，以保证标准化的对象获得最好的社会效果和经济效益。它本质上是一种以标准化为对象的组织管理技术。

钱学森在《标准化和标准学研究》一文中指出"标准化系统工程"与"标准系统工程"有所区别。标准化系统工程是将系统工程的方法和观点应用到标准化的实践工作中，它的任务是研究和控制好、宏观上管理好研究领域内的标准化工作，使依存主体发挥最大的效益。

标准化系统工程的研究对象有以下三个系统：

(1)标准系统：标准的有机集合。

(2)标准化工作系统：指组织和参与标准系统制定和贯彻工作的所有人员的集合以及有关的工作制度、规范和必要的工作条件。

(3)依存主体系统：标准化系统工程的服务对象，如在生产系统(企业)中开展标准化系统工程，依存主体系统应指生产系统(企业)。

如图 2.1 所示：标准系统(也即标准体系)与物质、能量和其他信息都作为输入引进依存主体；输出为标准化的功效，这个功效应与标准化的目标进行评价比较，理论上应与标准化目标相一致；标准化工作系统根据目标要求，自始至终对标准系统和依存主体进行具体工作，从组织上保证标准系统的建立和贯彻。

标准化系统工程的研究(工作)对象是图 2.1 虚线框内所包含的两个系统和依存主体。标准化系统工程是对整个对象系统和全过程进行宏观的组织管理及控制。其中，标准系统是从系统观点出发，为实现确定的约束依存主体系统的目的，由若干相互依存、互相制约的标准集构成的有机整体；标准化工作系统是由参与研制和贯彻标准工作的人员、标

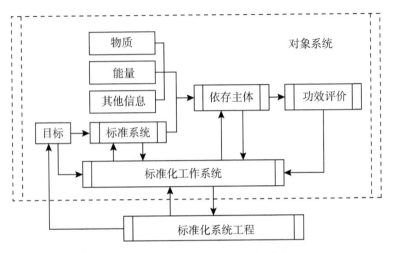

图 2.1   标准化系统工程的研究对象

准化工作的制度、标准化工作的程序及相应的工作条件形成的行为系统，它决定标准化活动的客观效果，是推动和实现标准化工作的外部动力系统；依存主体系统是标准化系统赖以存在和服务的对象主体系统，包括该领域的重复性事物和概念。

标准化系统工程的性质包括：

（1）一般性：具有整体性、综合性、有效性、社会性和客观性这些系统工程的一般性质。

（2）特殊性：①依存性。标准化系统工程的依存性来源于标准化的依存性。标准化是对重复性事物和概念作出规定，并将其贯彻实施，这些重复性事物和概念就成为标准的依存主体，标准化应该围绕这个依存主体来进行活动。依存性反映在标准化的全过程中，以工业产品为例，在标准化规划、标准系统制定及贯彻阶段都与产品有关。即使管理标准和工作标准这些适用面较广的标准，也总有特定的生产或科研单位作为其依存主体。②执法性。标准化是把国家的方针政策、技术经济措施、科学技术成就和先进的工作方法应用到社会各个领域中去的一种有效手段。标准化系统工程是国家或某一社会组织行使其组织管理职能的一种方法。它力求使其所管辖的社会部门或技术系统按特定的标准系统运转，也就是把这个标准系统作为强制性的法律规范，有效地加以执行，以期达到预定目标。根据预定目标而制定的标准系统在一定时空范围内属于法律性文件，具有约束性，故标准系统的贯彻等同于执法。作为法规，一定要规定生效的时间和空间范围。标准系统的生效时间是自其法律上生效之日起，直至标准系统废止；其生效空间取决于标准系统本身所规定的适用范围。标准化系统工程的开展，既发挥了标准系统的法律效能，又体现了执法过程。

2.1.3 地理信息标准化系统

中国 GIS 协会标准化与质量控制专业委员会对 GIS 标准和标准化定义如下：GIS 标准是在 GIS 应用实践范围内为获得最佳秩序，对 GIS 应用实践活动或其结果，规定共同和重复使用的规则、准则或特性的文件，该文件需要协商一致制定并经公认的机构批准。GIS 标准化是在 GIS 应用实践中，通过制定、发布和实施地理信息领域/行业的重复性事物和概念标准，以达到统一，获得最佳的秩序和社会经济效益。

根据标准化系统工程的架构，本研究相应地建立地理信息标准化系统，如图 2.2 所示：地理信息标准化系统由地理信息标准系统和地理信息标准化工作系统组成，并与依存主体相关。地理信息标准化系统是一个开放性系统，与环境存在频繁的物质、能量、信息的交换作用；由有许多层次的子系统组成，系统与子系统之间有横向的平行关系、纵向的上下关系、综合交叉的相互关系等。

综合系统工程、标准学、地理信息标准的内涵，现定义地理信息标准系统、地理信息标准化工作系统、地理信息标准化系统依存主体如下：

（1）地理信息标准系统。它是由若干相互依存、相互制约的地理信息或与地理信息相关的标准组成的具有特定功能、明确目的性、完整

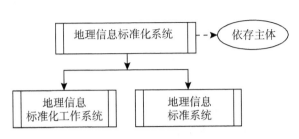

图 2.2 地理信息标准化系统构成

性、有寿命期的、可行的、成文的有机整体(概念系统),也即地理信息标准体系。地理信息标准系统的建立是否合理和有效,关系到地理信息标准化系统工程目标的能否达成。

(2)地理信息标准化工作系统。它是负责地理信息标准系统制定、贯彻、实施、评审,包括人员、物质条件和工作制度在内的社会组织系统。地理信息标准化工作系统是否合理建立和运转影响地理信息标准系统的好坏。地理信息标准化工作系统在标准化全过程中起作用,是地理信息标准化系统工程研究对象中最为活跃的因素。

(3)地理信息标准化系统依存主体。一方面是地理信息标准化活动加以有序化的服务目标,另一方面又是与各种地理信息标准化活动最直接相关的环境系统。区分谁应是地理信息标准化依存主体对象的原则是有序化,也即优化目标及为谁服务。地理信息领域/行业是一个开放的人工社会系统,具有系统的基本特性,是地理信息标准化系统工程研究的主要对象和优化目标,也是地理信息标准系统和地理信息标准化工作系统赖以存在、服务和约束的对象。因此,地理信息领域/行业中的重复性事物和概念就是地理信息标准化系统的依存主体。

需要指出的是,地理信息标准化系统工程的依存性来源于地理信息标准化的依存性,地理信息标准化是围绕地理信息依存主体来开展活动。因此依存性反映在地理信息标准化活动的全过程,包括地理信息标准化规划、标准的制定和修订、标准的贯彻和实施、标准化全程组织管理等方面。一方面无论是地理信息标准系统还是地理信息标准化工作系统，都和依存主体密切相关；另一方面依存主体的管理体现在标准系统管理及标准化工作系统管理上，没有必要也无法独立出来进行分析。因此本研究对地理信息标准化系统管理的研究主要体现在整体的标准化系统、标准系统(体系)、标准化工作系统上，对它们的管理研究过程也处处体现了对地理信息标准化系统依存主体的管理。

2.2 地理信息标准化系统环境分析

2.2.1 系统环境分析概念及方法的选取

系统存在于环境之中，对系统所在环境进行分析是研究系统问题的第一步，系统问题解决方案的优劣程度很大程度上取决于是否对整个系统环境深刻了解。标准化系统的环境是系统存在和发展的外界条件的综合。市场形势的变化、社会经济行政管理的现代化、相关技术法规的出台、生产结构和社会经济结构的重大变革、科学技术的发展、贸易范围扩大、较高层次的标准系统或同一层次的相关标准系统发生变化等环境因素都会影响到标准化系统，都将要求标准化系统做出相应的调整。因此，对标准化系统进行管理的重要任务之一就是地洞察环境因素的变化情况和趋势，及时对标准系统加以控制和调整，使之与环境的变化相适应。

地理信息标准化系统环境分析是把地理信息标准化作为一个整体的系统，分析其如何与周围环境或其他系统相互作用。其主要目的是了解和认识地理信息标准化系统与环境之间的相互关系、环境对系统的影响和可能产生的后果。管理学中成熟有效的环境分析方法包括 PEST 分析、AHP 分析、价值链分析、SWOT 分析、波特"五力分析"、SPACE 分析等十几种，适用于战略管理的不同内容方面和不同发展阶段。其中，PEST 分析法较适用于外部大环境的趋势分析；SWOT 分析法较适用于本身实力与机会评估的分析。本研究以 PEST 法为主，分析地理信息标准化系统建设的宏观环境，并结合 SWOT 分析，构建地理信息标准化系统的 PEST-SWOT 分析矩阵，从政治、经济、社会、技术角度分析地理信息标准化系统优势、劣势、机遇和风险。

2.2.2　基于 PEST 的环境分析

PEST 分析法是对政治(Political)、经济(Economic)、社会文化(Social-Culture)和技术(Technological)这四大类影响系统的主要外部环境因素进行分析。构建地理信息标准化系统环境 PEST 架构，如图2.3 所示。

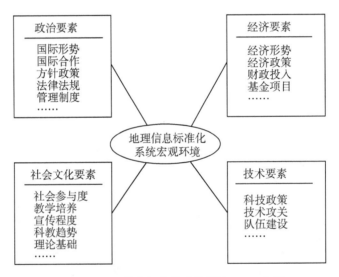

图 2.3　地理信息标准化系统环境 PEST 分析

2.2.2.1　政治环境(Political Factors)

指与地理信息标准化系统有关的重要的政治法律变量。包括国际形势和合作、国内标准建设方针政策、与地理信息标准有关的法律法规、管理制度、地理信息产业政策等。统计、总结、分析当前我国地理信息标准化面临的政治环境，如下所示：

1. 地理信息标准国际形势和合作分析

（1）发达国家踊跃参与国际标准的研制、积极采用国际标准。跨入21世纪，经济全球化的进程不断加快，国际标准的地位和作用越来越重要。WTO、ISO、EU等国际组织和美国、日本等发达国家纷纷加强了标准研究，制定出标准化发展战略和相关政策。

（2）我国逐步开展了各项双边、多边和区域性的地理信息标准化合作。自1984年起，积极参与了ISO/TC 211组织的地理信息国际标准研制，将其制定完成的国际标准转化为我国国家标准，推动了与国际标准接轨的进程。

2. 国内地理信息标准化方针政策分析

我国始终将地理信息的标准化和规范化作为GIS发展的重要组成部分。"七五"、"八五"期间的建设核心是制定数据标准。"九五"、"十五"期间的建设重点是地理信息共享标准化，开展一系列相关地理信息共享标准的研究与制定工作。"十一五"期间，在建立国家地理信息标准体系基础上，加大了标准的基础性、前期性研究，探讨建立标准一致性测试和评价体系。"十二五"期间借鉴国际标准化组织ISO/TC 211和其他国家地理信息标准化的工作机制，设立标准工作组，全面推进标准化工作纵深发展；积极开展与其他标委会及企业、科研单位、大学等的横向合作；逐步探索形成多元地理信息标准化经费投入机制，加强国家地理信息标准化人才队伍建设。

3. 相关法律法规、管理制度环境分析

（1）基本形成了以《测绘法》为核心，以行政法规、部门规章、地方性法规和各级测绘行政主管部门制定的规范性文件作为配套的测绘法律法规体系，为地理信息标准化的发展提供了坚强的法律支撑，创造了良好的法制环境。

（2）制定了指导和制约地理信息标准化的重要法律法规，标准化管理制度不断完善。出台了《地理信息标准化工作管理规定》《测绘标准化工作管理办法》，建立了"测绘与地理信息标准体系"。

（3）自"十一五"起，实行了更为开放的标准形成机制，加强标准制修订与科研、生产和产业发展的结合，大大加快了标准制修订速度，有效提高了标准的科学性和适用性。

表 2.1 是对我国基础测绘、地理信息标准相关法律法规、重要性规范文件，及与地理信息标准化有关的其他标准化法规的统计。

表 2.1　　**地理信息法律法规、与地理信息标准化有关的**

标准化法律法规统计表

法律位阶	法律名称	发布主体	发布时间	实施时间
基本法律	《中华人民共和国测绘法》	全国人大常委会，中华人民共和国主席令第 75 号	2002 年 8 月 29 日	2002 年 12 月 1 日
行政法规	《中华人民共和国测绘成果管理条例》	国务院令第 469 号	2006 年 5 月 27 日	2006 年 9 月 1 日
	《中华人民共和国测量标志保护条例》	国务院令第 203 号	1996 年 9 月 4 日	1997 年 7 月 1 日
	《中华人民共和国地图编制出版管理条例》	国务院令第 180 号	1995 年 7 月 10 日	1995 年 10 月 1 日
部门规章	《测绘标准化工作管理办法》	国家测绘局	2008 年 3 月 10 日	发布之日
	《外国的组织或者个人来华测绘管理暂行办法》	原国土资源部令第 38 号	2007 年 1 月 19 日	2007 年 3 月 1 日
	《地图审核管理规定》	原国土资源部令第 34 号	2006 年 6 月 23 日	2006 年 8 月 1 日
	《重要地理信息数据审核公布管理规定》	原国土资源部令第 19 号	2003 年 3 月 25 日	2003 年 5 月 1 日
	《房产测绘管理办法》	建设部 国家测绘局令第 83 号	2000 年 12 月 28 日	2001 年 5 月 1 日
	《测绘行政执法证管理规定》	国家测绘局令第 7 号	2000 年 1 月 4 日	发布之日
	《测绘行政处罚程序规定》	国家测绘局令第 6 号	2000 年 1 月 4 日	发布之日
	《国家基础地理信息数据使用许可管理规定》	国家测绘局令第 5 号	1999 年 12 月 22 日	发布之日

续表

法律位阶	法律名称	发布主体	发布时间	实施时间
重要规范性文件	《基础测绘成果应急提供办法》	国家测绘局	2007 年 12 月 28 日	发布之日
	《国家涉密基础测绘成果资料提供使用审批程序规定(试行)》	国家测绘局	2007 年 6 月 27 日	2007 年 7 月 1 日
	《注册测绘师制度暂行规定》	人事部 国家测绘局	2007 年 1 月 24 日	2007 年 3 月 1 日
	《测绘统计工作管理暂行规定》	国家测绘局	2007 年 2 月 1 日	发布之日
	《基础测绘成果提供使用管理暂行办法》	国家测绘局	2006 年 9 月 25 日	发布之日
	《测绘资质监督检查办法》	国家测绘局	2005 年 6 月 15 日	2005 年 10 月 1 日
	《导航电子地图制作资质标准(试行)》	国家测绘局	2004 年 12 月 17 日	发布之日
	《测绘作业证管理规定》	国家测绘局	2004 年 3 月 19 日	2004 年 6 月 1 日
	《测绘资质分级标准》	国家测绘局	2004 年 2 月 16 日	2004 年 6 月 1 日
	《测绘资质管理规定》	国家测绘局	2004 年 2 月 16 日	2004 年 6 月 1 日
	《地图受理审核程序规定》	国家测绘局	2003 年 8 月 25 日	发布之日
	《公开地图内容表示若干规定》	国家测绘局	2003 年 5 月 9 日	发布之日
	《测绘资格审查认证管理规定》	国家测绘局	2000 年 8 月 8 日	2000 年 9 月 1 日
	《测绘质量监督管理办法》	国家测绘局 国家技术监督局	1997 年 8 月 6 日	发布之日
	《测绘生产质量管理规定》	国家测绘局	1997 年 7 月 22 日	发布之日
	《测绘计量管理暂行办法》	国家测绘局	1996 年 5 月 22 日	发布之日
	《测绘市场管理暂行办法》	国家测绘局 国家工商行政管理局	1995 年 6 月 6 日	1995 年 7 月 1 日
	《测绘标准化工作管理办法》	国家测绘局	2008 年 3 月 10 日	发布之日
	《地理信息标准化工作管理规定》	中国国家标准化管理委员会 国家测绘局	2009 年 4 月 1 日	发布之日

续表

法律位阶	法律名称	发布主体	发布时间	实施时间
其他标准化规章（据不完全统计）	《中华人民共和国标准化法》	中华人民共和国主席令第 11 号	1988 年 12 月 29 日	1989 年 4 月 1 日
	《国家标准管理办法》	国家技术监督局令第 10 号	1990 年 8 月 24 日	发布之日
	《行业标准管理办法》	国家技术监督局令第 11 号	1990 年 8 月 24 日	发布之日
	《地方标准管理办法》	国家技术监督局令第 15 号	1990 年 9 月 6 日	发布之日
	《企业标准化管理办法》	国家技术监督局令第 13 号	1990 年 8 月 24 日	发布之日
	《采用国际标准管理办法》	国家质量技术监督局令第 10 号	2001 年 12 月 4 日	发布之日
	《参加国际标准化组织（ISO）和国际电工委员会（IEC）技术活动的管理办法》	国家技术监督局	1993 年 12 月 03 日	发布之日
	《采用国际标准产品标志管理办法(试行)》	国家技术监督局	1992 年 10 月 20 日	发布之日

数据来源：截至 2018 年 12 月，统计自国家技术监督局、自然资源部、国家测绘局等官方网站 http：//www.aqsiq.gov.cn，http：//www.mlr.gov.cn，http：/www.sbsm.gov.cn。

2.2.2.2 经济环境(Economic Factors)

我国地理信息标准化系统环境经济要素表现在：国家和地方各级政府从战略的高度和全局的角度，充分认识到地理信息标准化工作的重要性，在人力、物力和财力上给予了极大支持。国家科技攻关项目、科技基础性工作项目、重大专项、基金项目、"数字省区"、"数字行业"、

"数字城市"、"数字社区"等各级"数字区域"工程均投入大量经费进行研究。

但是目前尚存在经费投入分配不合理、重复投入等问题。

2.2.2.3 社会文化环境(Social-Cultural Factors)

地理信息标准化系统环境社会文化要素表现在：(1)加强教育，扩大宣传。地理信息标准化管理机构重视科研机构和高等院校中的标准人才培养，有计划地增加了教材中的地理信息标准化内容，组织了各种研讨会、培训学习班，在年会上设立专题讲座，在相关刊物上扩大了宣传等，取得了一定宣教效果。(2)认真总结，编著书刊。注重出版我国地理信息标准理论、技术和工具性的刊物书籍，有助于社会各界包括政府部门、专业人士、公众等更好地了解、使用和执行地理信息标准，有利于及时总结、交流和共享地理信息标准建设的研究成果及经验。(3)社会参与度有待进一步提高。目前我国地理信息标准主要是由科研教学或事业单位的专家学者负责研制，应当创造政策条件、采取有效的措施鼓励公众企业积极参与到标准化活动中来，避免或减少地理信息标准出现片面性、局限性。

2.2.2.4 技术环境(Technological Factors)

(1)"人才、专利和技术标准"三大战略。技术标准及标准化工作对国家利益和经济发展的重要影响，已引起我国的高度重视。2003年科技部提出了"人才、专利和技术标准"三大战略，并将重要技术标准研究列为国家"十五"重大科技专项，以提高我国技术标准的国际竞争力、推进地理信息标准化工作。

(2)建设了专业过硬、技术精良的地理信息标准化队伍。1983年在原国家科委主持和组织下，成立了以陈述彭院士为首的专家组，深入调查和研究了国内外地理信息系统的发展，特别是地理信息规范化和标准化工作的进展。目前，全国地理信息标准化委员会设置了包括国家基础地理信息中心、国家测绘局测绘标准化研究所、国家计委宏观经济研究院信息咨询中心、武汉大学等专家学者在内的六个工作组。20多年来，我国地理信息标准化工作全国组织和技术水平有了很大发展。

2.2.3 构建 PEST-SWOT 分析矩阵

对地理信息标准化环境因素进行分析时，必须考虑系统自身的条件，综合分析系统直接面对的环境因素。SWOT 分析法又称为态势分析法，由美国哈佛商学院著名管理学教授安德鲁斯于 20 世纪 60 年代首先提出，是一种能够较客观而准确地分析和研究一个单位现实情况、广为应用的系统分析和战略选择方法。其中 SW 指系统内部的优势和劣势（Strengths and Weaknesses），OT 指外部存在的机会和威胁（Opportunities and Threats）。通过 SWOT 分析，可以组合出四种可选的战略方案，如表 2.2 所示：

表 2.2　　　　　　　SWOT 分析的四种可选战略方案

外部＼内部	优势 Strengths 逐条列出优势，例如管理、人才、学科、设备、科研和信息发展等方面的优势	劣势 Weaknesses 逐条列出劣势，例如管理、人才、学科、设备、科研和信息发展等方面的劣势
机会 Opportunities 逐条列出机会，例如目前和将来的政策、经济、新技术等	SO 战略 发挥优势 利用机会	WO 战略 利用机会 克服劣势
威胁 Threats 逐条列出风险，例如目前和将来的政策、经济、新技术等	ST 战略 利用优势 回避威胁	WT 战略 清理或合并组织，走专、精、特之路

在 2.2.2 节分析了地理信息标准化系统 PEST 环境的基础上，本研究将 SWOT 分析法纳入环境分析，从政治、经济、社会、技术角度分

析地理信息标准化系统优势、劣势、机遇和风险，构建地理信息标准化系统的 PEST-SWOT 分析矩阵，拟从更全面、更系统的角度研究当前我国地理信息标准化系统环境要素。分析结构如表 2.3 所示：

表 2.3　　　　地理信息标准化系统的 PEST-SWOT 分析矩阵

SWOT		政治 P	经济 E	社会文化 S	技术 T
内在因素 SW	优势 S	制定了相关方针政策、法律法规；认真吸取国际经验教训	人力、物力、财力投入大幅度提高；基金项目增多	重视教育交流；重视理论总结；重视人才培养；宣传力度增大	标准制定数量上和质量上已有一定基础；编制队伍科技实力较强
	劣势 W	缺乏一个全国性的、长远的规划和协调机制	标准重复立项，浪费人力、物力；标准研究与制定的经费投入不平衡	组织管理、创新机制建设力度不够	标准重复立项；推荐性标准多，强制性标准少；修订周期长、标龄长；后补型标准多、前导型标准少
外部条件 OT	机遇 O	国际合作增强；政府重视	经济形势较好	建立了地理信息标准化相关的机构和组织，开展了一系列标准化活动	全球科学技术发展；我国科技创新进一步增强
	威胁 T	国际竞争激烈；参与制定转化国际标准的工作滞后；在国际标准席位上还处于借鉴和参加的角色	经费投入存在地区差距	与地理信息相关的同类标准相互之间没有机制进行沟通、协调，交叉重复时有发生；社会参与度不高，可能造就标准的片面性、局限性	发达国家在使用技术标准和技术法规来设置技术壁垒，保护本国利益

该矩阵能够把当前我国地理信息标准化系统面临的外部机会、外部威胁与内部优势、内部劣势相匹配，得出四类地理信息标准化系统可能的战略选择：

45

2.2.3.1　SO(优势-机会)战略

即依靠地理信息标准化系统内部优势去抓住外部机会的战略。凭借我国地理信息标准化建设的现有长处和有利资源，尽可能地利用面临的外部环境来提供发展机会，表现在制定扩大标准规模、加深标准范围等宏观战略。

根据 SO 战略，地理信息标准化系统建设应该充分发挥已有优势、弥补不足之处，面对国际合作形势良好的大好外部环境机遇，加快地理信息标准化建设，有计划、有重点地主动参与和主持国际标准的起草、制定工作，包括标准试验验证和讨论的全过程；加快转化 ISO/TC 211等系列国际标准为国内标准的工作；继续申请在我国主办 ISO/TC 211全体工作会议，以利于进一步增强国际社会对我国地理信息标准的关注；加快开展国际标准的宣传培训工作，使我国地理信息标准化工作更好地与国际标准化工作接轨。

2.2.3.2　WO(劣势-机会)战略

抓住当前的机会而改进内部劣势的战略，即最大限度地利用外部环境中的机会，通过自身的改革或外在的方式来克服或弥补地理信息标准化面临的环境弱点。

根据 WO 战略，尽管我国"五年计划"中已有关于地理信息标准建设的内容，但为了从根本上解决标准重复建设、投入失衡等问题，还需要建设全国性长远的整体规划和协调机制，争取将地理信息标准化纳入国家标准战略；需要建立得到全国有关部门、行业共识的地理信息标准体系，以此作为全国性地理信息标准制定工作有序进行的基础；需要对现有标准进行归类、清理，淘汰已过时的标准、筛选出符合当前社会经济发展和一致性要求的标准，并对可预见的趋势进行衡量；多渠道立项，加大国家财政投入；提高标准立项和队伍建设的科学性，加强高素质标准化人才队伍建设，用系统科学的观点制定适用的标准体系表和标准制定修订计划，提高标准项目的广度和深度，避免重复、减少浪费。

2.2.3.3 ST(优势-威胁)战略

利用内部优势去避免或减轻外部威胁的战略，即既能发挥自身优势、又能避开外部威胁。

根据 ST 战略，采取"重点竞争型"的国际标准竞争策略作为参与国际标准化工作的突破点，重点承担国际标准制定任务；以我国标准为主制定地理信息国际标准，使国际标准更多地反映我国技术要求；大力培养国际标准化专业技术人才，重视地理信息国际标准的跟踪研究；鼓励公众及企业参与标准化工作，吸引企业成员加入全国标准化技术委员会的工作；针对我国现行地理信息标准的研制缺乏有效的质量控制机制的问题，开展标准的一致性测试和质量控制工作，以提升标准的质量和技术水平、确保标准的实用性和可操作性。

2.2.3.4 WT(劣势-威胁)战略

即克服当前地理信息标准化建设面临的劣势、避免受到威胁损害的战略。根据 WT 战略，应以采取保守策略为主，巩固自身现有优势，尽量避免劣势的发展，回避风险，稳健发展。应尽量避免处于这种状态。

通过对地理信息标准化系统进行 PEST-SWOT 分析，能够把我国地理信息标准化系统面临的外部机会和威胁与其内部优势和劣势相匹配，应优先采用 SO 战略，其次辅助采用 WO 和 ST 战略，尽量避免处于 WT 环境。

2.3 地理信息标准化系统目标和结构分析

系统目标是系统分析与系统设计的出发点。只有充分了解和明确系统应达到的目标，才能避免盲目性，防止造成各种可能的错误、损失和浪费。系统结构是系统保持整体性和使系统具备必要的整体功能的内部依据，是反映系统内部要素之间相互关系、相互作用的形式的形态化，是系统中要素秩序的稳定化和规范化。地理信息标准化系统目标和结构分析的目的，是确定系统要素，论证目标的合理性和可行性。

2.3.1 地理信息标准化系统总体目标

地理信息标准化系统总体目标集中地反映对整个地理信息标准化系统的总体要求。国家测绘局定义我国地理信息标准化建设总体目标是：建立并不断完善与社会经济发展阶段相适应的动态、科学的地理信息标准体系；面向国家基础地理信息数据库建设与更新、地理信息产业发展等重点领域，制定一批急需的、适用的基础性、通用性和专业性标准，初步解决地理信息生产、资源共享、国家安全与产业化发展等方面标准缺失、不配套、实用性不高的矛盾；建立和完善地理信息标准管理与协调机制；加大标准的宣传、培训力度，促进标准的贯彻执行，提高我国地理信息标准化水平。

总体目标是高度抽象和概括的，具有全局性、总体性特征。为了落实和实现系统的总体目标，需要对其进行分解。地理信息标准化分目标是对总体目标的具体分解，包括各子系统的子目标和系统在不同时间阶段上的目标。

2.3.2 构建系统目标树

对地理信息标准化系统总目标进行分解，形成的目标层次结构即是地理信息标准化目标树。根据"目标子集按照目标的性质进行分类，把同一类目标划分在一个目标子集中""对目标进行分解，直到可度量为止"这两条原则，构建地理信息标准化目标树如图 2.4 所示。

通过建立地理信息标准化目标树，把标准化系统的各级目标及其相互间的关系清晰、直观地表示出来，有助于了解系统目标的体系结构，掌握系统问题的全貌，便于进一步明确问题和分析问题，有利于在总体目标下统一组织、规划和协调各分目标，使地理信息标准化系统整体功能得到优化。

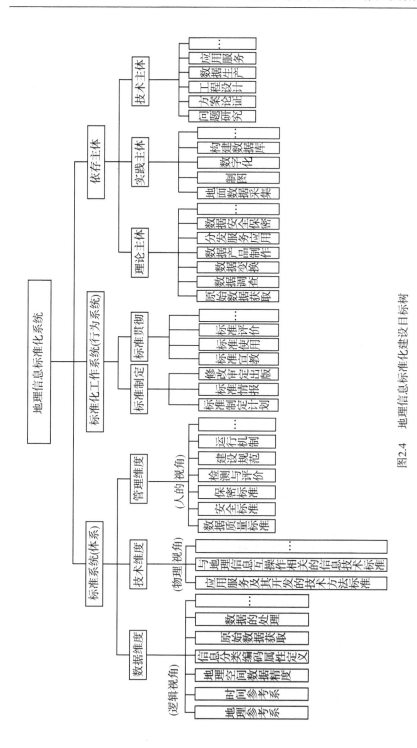

图2.4 地理信息标准化建设目标树

49

2.3.3 标准系统建设目标

从数据维度、技术维度、管理维度三个方面，并结合逻辑、物理、人的视角，地理信息标准系统(也即标准体系工程)的建设目标包括：

(1)从数据维度(逻辑视角)来看，地理信息标准系统的建设目标是建设地理信息领域/行业中的各类数据标准。包括时间参考系数据标准，地理参考系数据标准(如大地基准、高程基准、椭球体、投影等标准)，地理空间数据精度标准(如位置精度标准、时间精度标准、属性精度标准、完整性和逻辑性标准)，地理信息分类及编码标准、数据应用模式和属性定义标准、信息表达标准、数据模型数据结构数据描述标准，原始数据的获取标准、数据的处理提取标准、产品制作标准、数据质量控制标准、数据提交标准等参考系方面、数据内涵方面、工程实施方面的逻辑标准。

(2)从技术维度(物理视角)来看，地理信息标准系统的建设目标是地理信息领域/行业应用服务标准、开发技术方法及接口标准等。包括各类地理信息系统的建设开发过程中大量采用的信息技术，特别是与地理信息互操作相关的标准，如信息系统技术标准、计算机硬件软件技术标准、数据处理数据转换技术标准、数据库技术标准、网络技术标准、通信技术标准、传感器技术标准等。

(3)从管理维度(人的视角)来看，地理信息标准系统的建设目标是研究其作为复杂系统工程而管理和维护地理信息领域/行业的问题。包括数据质量标准、数据更新(现势性)标准、保密标准、安全标准、系统检测与评价标准、信息提供方式标准、建设规范、管理制度等标准。

2.3.4 标准化工作系统建设目标

标准化工作系统建设目标可由标准在系统内的流动过程表示出来，包括标准的制定和贯彻过程。其中，标准的制定包括标准制定计划、标准情报、国际标准化、实验和生产、标准起草修改和审定、标准出版等；标准的贯彻指标准宣教、标准使用等过程。最终建设地理信息领域/行业综合保障体系，建立起地理空间数据共建共享、持续运行的长效机制。

2.3.5 依存主体建设目标

地理信息标准化系统赖以存在和服务的依存主体，包括地理信息技术及其应用形式、空间结构层次、工程项目、研究项目等。综合起来，包括理论主体、实践主体和技术主体三方面的内涵。其中，理论主体从静态结构的角度反映了地理信息领域/行业依存主体的空间结构和层次，实践主体从形态发展的角度反映地理信息技术的应用形式、地理信息产品的发展变化情况、地理信息产品的未来趋势，技术主体从应用的角度反映地理信息标准工程项目、研究项目的动态运行过程。

2.4 地理信息标准化系统定性、定量分析

2.4.1 目标-手段定性分析

心理学研究表明，人类解决问题的过程就是目标与手段的变化、分解与组合，以及从记忆中调用解决问题、实现子目标手段的过程。目标-手段分析法是将要达到的目标和所需要的手段按照系统展开，实质是运用效能原理不断进行分析。目标与手段的关系见图 2.5 所示。

对地理信息标准化系统目标的落实，就是探索实现上层目标的途径和手段的过程。如图 2.5 所示，目标树中的某一手段都可视为下一层次的目标，某一目标都可视为实现上层目标的手段。

1. 地理信息标准化"目标-手段系统"第一级

第一级目标(A)：地理信息标准化系统高效管理，社会经济效益最大化。

第一级手段(M)：地理信息标准系统简化、统一、协调、最优化；

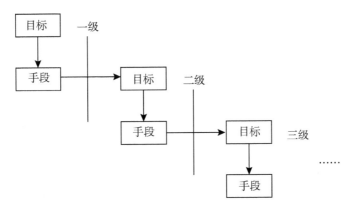

图 2.5　目标-手段系统图

地理信息标准化工作系统规范、合理活跃；地理信息依存主体系统重复性事物和概念有序管理。

2. 地理信息标准化"目标-手段系统""第二级"

目标 A_1：地理信息标准系统简化、统一、协调、最优化。

手段 M_1：数据现势、完整，结构优化，技术先进，系统有序。

目标 A_2：地理信息标准化工作系统规范、合理活跃。

手段 M_2：标准制定组织有序，工作流高效，贯彻实施彻底，反馈控制措施合理。

目标 A_3：地理信息依存主体系统重复性事物和概念有序管理。

手段 M_3：理论、实践、技术主体明晰。

依次向下划分，直到这个分解和探索过程中所有的手段都已找到、各项分目标和子目标清晰、具体位置。把所有的目标组合起来，就构成了地理信息标准化系统的目标体系(目标集合)。

2.4.2　系统相关性与阶层性分析

2.4.2.1　系统相关性

地理信息标准化系统要素间的关系体现在空间结构、排列顺序、相互位置、松紧程度、时间序列、数量比例、信息传递方式，以及组织形式、操作程序、管理方法等多个方面，由此形成系统的相关关系集。为获得合理的相关关系集必须进行地理信息标准化要素的相关性分析：

（1）对地理信息标准化系统进行二元关系分析。将系统的要素列成方阵表，用 R_{ij} 表示要素 i 和要素 j 的关系：

$$R_{ij} = \begin{cases} 1 & (i\ 与\ j\ 之间存在关系) \\ 0 & (i\ 与\ j\ 之间不存在关系) \end{cases} \tag{2.1}$$

（2）对 R_{ij} 取值为 1 的两个相关要素之间存在的具体关系进行分析，确定属于何种关系。

（3）通过具体分析，得出保持最优的二元关系的尺度和范围，并使相关关系尽量合理化。

对 2.3 节中地理信息标准化系统第二次层次进行二元分析，分析矩阵结果如下：

$$R = \begin{pmatrix} 1 & 0 & 1 \\ 0 & 1 & 1 \\ 1 & 1 & 1 \end{pmatrix}$$

2.4.2.2　系统阶层性

系统整体性分析是结构分析的核心，是解决系统整体协调和优化的基础。二元关系分析解决了具有平行地位的要素之间的关系分析问题，对于系统的阶层关系还需要辅以阶层性分析方法，解决系统分层数目和各层规模的合理性问题。建立评价指标体系，能够衡量和分析系统的整体结合效果，是量化地理信息标准化系统整体性的有效手段。建立标准化系统评价指标体系如图 2.6 所示。

按照评价指标体系对地理信息标准化系统评价，使地理信息标准化要素集、关系集、层次分布达到最优的结合，确保取得系统整体的最优输出。

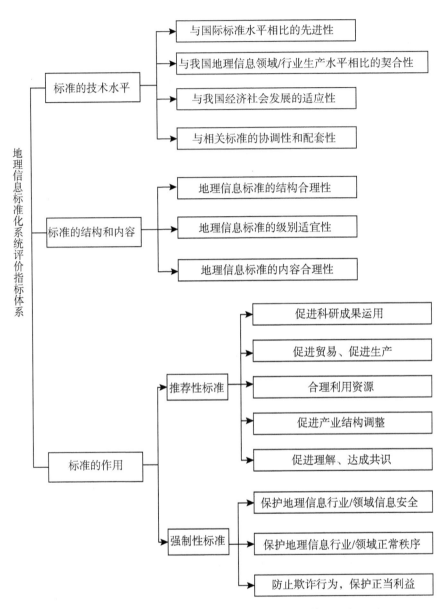

图 2.6 地理信息标准化系统评价指标体系

2.5　本章小结

本章界定了地理信息标准化系统工程及每类系统的内涵，根据依存主体的特性，本研究着重对地理信息标准系统、地理信息标准化工作系统管理研究，对地理信息依存主体系统管理的研究体现在对这两者的研究中。

在 2.2 节中具体研究分析了地理信息标准化系统环境因素、系统总目标和分目标、系统结构性和定量定性分析等地理信息标准化系统工程问题。将管理学战略分析手段引入到地理信息标准化系统环境分析中，全面地、系统地研究了影响地理信息标准化系统环境的政治要素、经济要素、社会文化要素、技术环境要素。在此基础上，构建了 PEST-SWOT 矩阵，从政治、经济、社会、技术角度全面系统地分析地理信息标准化系统面临的优势、劣势、机遇和风险，制定出了四类战略，建议选择 SO 战略。

在 2.3 节中通过构建地理信息标准化系统目标树的方式，提出了标准化系统建设的总目标。从数据维度、技术维度、管理维度三个方面，并结合逻辑、物理、人的视角提出地理信息标准系统也即标准体系建设的分目标；从工作流程的角度，制定了形成地理空间数据共建共享和持续运行的长效机制的地理信息标准化工作系统建设分目标；从理论主体、实践主体和技术主体三个角度制定了包括地理信息技术及其应用形式、地理信息数据空间结构层次、地理信息行业/领域工程项目和研究项目等几种体现形式在内的地理信息标准化系统依存主体的分建设目标。

在 2.4 节地理信息标准化系统的定性、定量分析中，从心理学中人类解决问题过程的角度出发，对地理信息标准化系统进行定性分析，制定了地理信息标准化"目标-手段"系统架构；在定量分析方面，以构建系统要素二元相关矩阵的方式分析了地理信息标准化系统平行方向的要素关系，以构建标准化系统评价指标体系的方式分析了地理信息标准化系统的阶层性关系。

PEST-SWOT 战略分析矩阵、目标树系统分析法、目标-手段分析法、相关性和阶层性分析等系统分析、战略分析手段能够很好地应用于地理信息标准化系统的战略选择、目标和结构分析、定性定量分析。分析结果表明：建议采取 SO 战略，依靠地理信息标准化系统内部优势去抓住外部机会，凭借自身的长处和资源来最大限度地利用外部环境提供的发展机会，实施标准发展战略，扩大规模。

3　地理信息标准系统管理

3.1　基本分析

3.1.1　标准化管理原理和方法

1934 年约翰·盖拉德编著了《工业标准化——原理与应用》一书，这是最早的系统地论述标准化理论和实践内容的理论著作。其后，国际国内许多标准化专家纷纷对标准化概念、原理、方法、经济效应和其他理论问题进行了研究，比较有影响的有桑德斯（英）、松浦四郎（日）、李春田（中）等专家制定的原理。

3.1.1.1　桑德斯的七项原理

英国标准化专家 T. R. B. 桑德斯总结了标准化活动过程，在《标准化的目的与原理》（1972 年）一书中，从标准化的目的、作用和方法上提炼出七项原理：

原理 1：标准化在本质上是社会有意识地努力达到简化的行为。

原理 2：标准化既是经济活动又是社会活动，应建立在全体协商一致的基础上进行，通过所有相关者的互相协作来推动。

原理 3：标准的价值体现在实施上，如果不实施则标准没有任何价值；实施标准时，为了多数的利益而牺牲少数的利益，这种情况常有发生。

原理 4：最基本的制定标准活动是选择标准及将其保持固定。选择对象和时机需要慎重进行。为了利于实施，标准在某一时段内应当固定不变。

原理 5：标准要在规定的时间内进行复审，必要时还应予以修订、删除。

原理 6：制定产品标准时，必须对有关的标准性能规定出能测定的、测量的数值。需要抽样时应规定抽样方法、样本大小、抽样次数等。必要时应规定明确的试验方法、必要的试验装置。

原理 7：应根据标准的性质、社会工业化程度、现行法律和客观情况等慎重考虑是否以法律形式强制实施标准。

3.1.1.2　松浦四郎的十九项原则

日本政法大学教授松浦四郎在《工业标准化原理》(1981 年) 一书中，提出了十九项原则，综合全面地阐述了标准化活动的基本规律：

原则 1：标准化工作从本质上来说，是一种简化，是经由社会努力而形成的结果。

原则 2：标准化工作的简化是为了减少某些重复性事物的数量。

原则 3：标准化一方面能简化目前标准的复杂性，另一方面也能预防将来产生不必要的复杂性。

原则 4：标准化是一项社会活动、社会工作，有关方面应相互协作来推动标准化的进程。

原则 5：评判标准化是否好可以根据标准化的简化是否有效果来进行。

原则 6：标准化活动是为了克服过去形成的习惯。

原则 7：在确定标准化主题和内容时需要根据各种不同观点仔细考虑，从具体情况出发来安排标准化活动的优先顺序。

原则 8：由于立场的不同，对标准化"全面经济效益"的内涵会存在不同的看法。

原则 9：必须从长远观点来评价标准化的"全面经济效益"。

原则 10：因为生产商品的目的在于消费或使用，所以当生产者和消费者的利益彼此冲突时，应该优先照顾后者。

原则 11："互换性"是评判标准是否使用简便的重要依据。

原则 12："互换性"既适用于物质层面的互换，也适用于抽象概念、抽象思想的互换。

原则 13：制定标准的最基本活动就是选择标准及将其固定。

原则 14：标准必须定期评测、在必要时必须进行修订，修订的时间间隔需要视具体情况而定。

原则 15：制定标准的方法应以全体一致同意为基础。

原则 16：对标准进行评价的第一步是确定标准化多个项目的优先顺序。

原则 17：与人身安全、健康有关的标准，有必要采取法律措施进行强制实施。

原则 18：是否有必要采取法律措施来强制实施标准，必须参照标准本身的性质和当前社会发展的水平慎重考虑。

原则 19：对使用范围狭窄的具体产品才有可能用精确的数值对标准效果进行定量评价。

3.1.1.3 李春田的标准系统管理原理

我国著名标准化专家李春田在主编《标准化概论》(1982 年)第一版时，总结和归纳了国内外标准化理论研究成果，提出了"简化""统一""协调""最优化"四项原理。从 1987 年 4 月至今，先后在《标准化概论》第二到第五版中提出了系统效应原理、结构优化原理、有序原理和反馈控制原理四项标准系统的管理原则。

3.1.1.4 其他标准化原理

另外，国内外其他学者提出的比较典型的标准化原理有：

1. C. 雷诺(C. Renard)优先数系理论

法国的 C. 雷诺通过对气球绳索规格简化的研究，提出了优先数系理论(series of preferred numbers)。优先数系是公比为 10 的 5、10、20、40、80 次方根，且项值中含有 10 的整数幂的几何级数的常用圆整值。

2. 约·沃基次基的标准化三维空间

标准化三维空间，是指用 X 轴代表标准化专业领域、Y 轴表示标准化的内容、Z 轴表示标准化的级别而绘制的标准化三维空间图。

3. 国内学者标准化原理研究概况

陈文祥 20 世纪 80 年代在《标准化原理与方法》中提出了标准化管理中应实施优化原则(包括功能结构优化和参数系列优化)、动态原则、超前原则、系统原则、反馈原则以及宏观控制和微观自由结合原则。

王征在 1981 年发表的《标准化基础概论》中提出了五项标准化基本原理：统一原理，简化原理，互换性原理，协调原理，阶梯原理。

常捷在 1982 年提出了标准化"统一""简化""协调""选优"的"八字"原理。

洪生伟根据国内外标准化专家、学者的研究成果及自己三十多年的实践体会，于 1989 年总结出标准化活动八项原则：超前预防原则，系统优化原则，协商一致原则，统一有度原则，动变有序原则，互换兼容原则，阶梯发展原则，滞阻即废原则。

2010 年张国庆在分析传统标准化理论基础上，全面系统地论述了标准化和谐原理、法治原理、系统原理等标准化基本原理以及标准的分类与命名理论、建立全球标准信息系统理论，然后引入系统理论与技术，提出了标准化的系统工程方法、标准化系统评价技术以及林业标准化评价技术与方法，最后论述了标准的制定、实施与合格评定。

3.1.2　地理信息标准系统及其管理内涵

根据第 2 章对地理信息标准系统的分析和定义可知，地理信息标准系统的建立是否合理和有效，关系到地理信息标准化系统工程目标能否达成。

地理信息标准系统具备目标性、集合性、层次性、开放性(动态性)、阶段性(相对稳定性)等标准系统共有的特征。

(1)目标特征。任何标准系统的建立都有明确目的或目标。地理信息标准系统的目标具有具体化、定量化等特性,是创造地理信息标准系统的人们的意志体现。

(2)集合特征。现代标准化以标准的集合为特征。随着生产社会化程度的提高、标准的集合性也在增强。地理信息标准化的集合性与目标性密切相关:没有目标,集合是盲目无根据的;没有集合,地理信息标准难以独自发挥效应,难以实现预定目标;地理信息标准的集合往往是为了实现一定目标;地理信息标准系统目标的优化程度及实现的可能性,又同地理信息标准的集合程度、集合水平有直接关系。

(3)层次特征。地理信息标准系统不是杂乱无章的标准堆积,其结构是有秩序、分层次的。地理信息标准系统的结构层次性,由系统中各要素之间的联系方式和系统运动规律的类似性决定。高结构层次对低结构层次有较大的制约性,低一级结构又是高一级结构的基础并反作用于高一级结构。

(4)动态性。地理信息标准系统既不是绝对静止也不是完全封闭,而是一直处于依存主体环境中。与依存主体相互作用、交换信息,淘汰不适用的要素、及时补充新的要素,使地理信息标准系统处于不断进化的过程。

(5)相对稳定性。地理信息标准系统的相对稳定性(也即阶段性)体现在其稳定性是相对的,动态性是绝对的。发展阶段可以由人为进行控制。

地理信息标准系统也是人造开放系统,同所有的标准系统一样,地理信息标准系统的发展及其功能的发挥,一方面取决于内部各个要素之间的相互作用,另一方面又取决于外部环境的变化影响。对地理信息标准系统进行管理,就是充分运用计划、组织、调节、控制、监督等职能和手段，对地理信息标准内部各要素间的关系、地理信息标准同外部环境间的关系进行协调，正确处理地理信息标准系统发展过程中的各种矛盾，充分发挥地理信息标准系统功能，促进地理信息标准系统的健康发展。针对地理信息标准系统和我国标准化工作的特点，本章主要运用李春田教授提出的系统效应原理、结构优化原理、有序原理研究如何对地理信息标准系统进行高效有序的管理(反馈控制原理将运用在标准化工作系统管理中)。

3.2　地理信息标准系统效应管理

3.2.1　系统效应原理

3.2.1.1　个体效应与系统效应

地理信息标准系统是一个内部要素互相联系的有机整体。组成地理信息标准体系的各个标准与地理信息标准系统的关系是个体与整体、局部与全局的关系。每一个具体的地理信息标准都有它特定的功能，可以在标准的实施中产生特定的个体效应；由若干个具有内在联系的地理信息标准个体组成的地理信息标准系统，在实践中又能产生特定的地理信息标准系统效应。局部效应是全局效应的基础，在地理信息标准系统中每一个要素的性质和行为都会影响到全局的性质和行为，但地理信息标准系统效应并不简单地等于组成该系统的各个要素的孤立效应的总和。

3.2.1.2　地理信息标准系统效应原理

系统效应原理是现代标准化理论的核心原理之一。地理信息标准系统效应原理指地理信息标准系统的效应是从组成该系统的标准集合中得到，而不是直接地等于单个地理信息标准各自效应之和。地理信息标准系统形成了单个标准之间、标准与系统整体之间相互联系相互作用的统一体，因此结构合理的地理信息标准系统效应超过了标准个体效应的总和。

由此分析可以得到以下几条地理信息标准系统管理(工作)效应原则：

(1)地理信息标准化建设要收到实效，必须建立相应的地理信息标准系统(体系)。

(2)建立地理信息标准系统必须有一定数量互相关联、协调适应的地理信息标准作为基础和内容。

(3)每项地理信息标准的制定不能孤立进行，要考虑其在地理信息标准系统中所处的地位、起到的作用，以及与环境中其他相关标准之间的关系。

3.2.2　地理信息标准系统目标优化

按照 ISO/TC 211 的阐述，地理信息标准化工作的主要目标是针对直接或间接与地球上位置相关的目标或现象信息，依据信息技术标准，制定一系列定义、描述和管理地理信息的结构化标准。这些标准说明了管理地理信息的方法、工具和服务，包括数据的定义、描述、获取、处理、分析、访问、表示等，并以数字形式在不同用户、不同系统和不同地点之间转换地理信息数据的方法、工艺和服务，从而推动地理信息系统之间的互操作，包括分布式计算环境下的互操作。

对该定义展开分析，本研究认为地理信息标准系统(标准体系)具有知识集成、语义一致性、和指导实践等系统目标特征。

3.2.2.1　"大成智慧"知识集成

著名科学家钱学森在 1994 年提出了"大成智慧工程"，其核心是把专家群体、数据和各种信息与计算机仿真有机地结合起来，把有关学科的科学理论和人的经验与知识集成起来，发挥综合系统的整体优势，解决诸如大型项目的综合论证、评估、决策、进度和风险的综合分析等复杂巨系统问题。为使地理信息标准系统实现从要素量的集合转向整体质的飞跃，使系统效应大于各个标准效应的简单总和，应当将"大成智慧工程"运用到地理信息标准系统目标建设中来，在系统内部各级、各类子系统和要素间的知识集成协同关系中探求系统目标优化。

地理信息标准体系由多学科技术交叉、相互包含所组成，涉及地理学、信息技术、计算机科学、系统学、管理科学等领域，包含了测绘信息、网络技术、系统工程、通信技术、遥感信息、全球卫星定位等多种技术内容，且正在形成自身的科学技术体系。地理信息标准体系的建立、地理信息标准技术的内容建设和与之对应的地理信息技术和相关技术息息相关。对地理信息标准系统知识集成概念模型进行总结和归纳，如图3.1所示，以信息技术(包括电子技术、计算机技术、智能控制技术、传感技术、现代通信技术等)、地理空间信息技术(3S技术、测绘科技、地理科学等)为基础，系统工程、管理科技等相关技术为辅助。

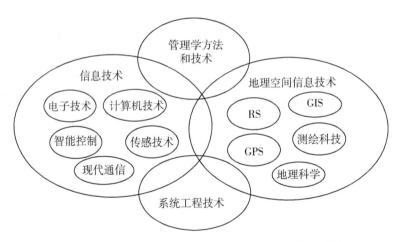

图 3.1　地理信息标准体系"大成智慧"知识集成概念模型

3.2.2.2　语义一致性

从系统的观点出发，一致性包括系统内部的协调一致性，也包括系统与外部环境的适应性。不同领域的知识及信息具备分布性和异构性，而澄清领域知识的结构、保证系统内部语义一致性、获得统一的术语和概念是解决理解不一致、语义不明确等问题的关键，影响系统能否顺利执行。

从地理信息标准系统(体系)的建立来看，一方面要保证地理信息标准体系内的各项标准在对同一个对象进行阐述时是一致的、无矛盾的，或者对同一个对象在语义的描述是非歧义的；另一方面，要确保在对同一个对象进行语义的描述或者阐述时，地理信息标准体系内的各项标准与相关的各个外部标准保持一致。

3.2.2.3 指导实践

地理信息标准系统(体系)着眼于现有国际、国内、地方、行业标准的吸收、利用，在实现国际、国内相关标准兼容的同时还应当面向实践。让标准体系成为地理信息领域/行业建设普及和应用的有效支撑，有利于实现地理信息数据的共享和互操作，改善地理信息领域/行业各部门之间自成体系重复建设的局面，提高系统的质量和通用性，实现信息的综合利用和信息资源共享。

综上分析，为实现系统效应优化，制定地理信息标准系统(标准体系)的目标可以概括为：在可以获得的人力、财力、物力、信息等资源条件下，制定、修订、采纳或引用国际、国内地理信息相关标准，提供一个规范地理信息领域/行业重复性事物、概念和行为的有效基础文件系统——具有结构化体系的地理信息标准集，并使其付诸实施(即可工程化)、发挥作用，以保证获取、生产、传输、提供的地理空间信息达到规定的要求，让数据提供商、系统开发商和最终用户都以相同的方式理解和评价数据和服务，从而消除不同信息系统之间交换地理空间数据的技术问题，提高地理空间数据和相关数据的集成和结合能力。

3.3　地理信息标准系统的结构优化

3.3.1　地理信息标准系统结构优化原理

地理信息标准系统的结构指组成地理信息标准系统的各个要素内在的有机组织方式和联系形式。地理信息标准系统结构优化原理指地理信息标准系统各个要素的逻辑顺序、数量比例、阶层关系及相关性质，按照地理信息标准系统总体目标的要求进行合理组合，以便实现地理信息标准系统的稳定发展、产生较好的系统效应。地理信息标准系统的结构是经过系统优化而形成的结果，无法自发形成。只有经过优化的地理信息标准系统结构才能产生较好的系统整体效应。

地理信息标准系统要素间的结构形式包括：阶层秩序，地理信息标准的层次级别关系；时间序列，地理信息标准寿命的相继关系和逻辑顺序；数量比例，不同功能的地理信息标准之间的构成比例，地理信息标准各要素之间的合理组合。

为实现地理信息标准系统的结构优化，需要对地理信息标准系统中的落后环节和不一致的部分不断地进行调整，确保地理信息标准系统内部要素之间的配套关系合理性，保持地理信息标准系统各项标准间的适合比例，以便提高地理信息标准系统的组织优化程度，使之发挥出更好的系统效应。

3.3.2　实现结构优化的途径

组成地理信息标准系统的各个要素之间存在着内在的有机联系，按照一定的次序排列组合、相互作用，在时间上具备有序性、在空间上具备阶层分明性。地理信息标准系统的结构是地理信息标准系统具有特定功能、产生特定效应的内在根据，地理信息标准的系统效应在很大程度上取决于系统内部要素能否形成好的结构。本研究提出实现地理信息标准系统结构优化的途径，如下所示：

1. 协调地理信息标准系统内部各要素

协调是标准化活动中被普遍采用的优化方法。地理信息标准系统中的要素不是孤立作用的，每一个要素都会被其他要素所影响，需要通过协商合作、协调一致在地理信息标准系统内部的各个要素之间建立起相互适应协同的关系，以获得稳定的地理信息标准系统结构。

2. 建立地理信息标准系统的层次结构

建立地理信息标准系统的层次结构，原因在于在一方面与无分层结构相比层次结构本身就是一种优化结构，另一方面不同层次的地理信息标准之间既有相关性又具备相对的独立性，使得层级结构要比不分层次的系统稳定。因此，根据结构优化原理，采用构建地理信息标准的层次结构的方式，从阶层秩序、时间序列、数量比例及相关关系等方面对地理信息标准系统的结构进行优化。

3. 编制地理信息标准体系表

地理信息标准体系表是将一定范围内地理信息标准系统内部的要素按照规定的形式编制成图表。地理信息标准体系表既可以反映出一定范畴内地理信息标准全貌和各项标准之间的联系，又可以反映出整个地理信息标准系统的层次结构，体现地理信息标准系统内各类标准的数量构成。地理信息标准体系表的编制对实现地理信息标准系统结构的优化、地理信息标准系统达到理想目标起着决定性的作用。

3.3.3 地理信息标准系统结构分析和优化

为协调地理信息标准内部要素之间的关系，实现其系统结构的优化，采取建立层次结构、分析参考框架、编写标准体系表的形式，对地理信息标准系统进行结构优化。

3.3.3.1 建立地理信息标准系统层次结构

从地理信息标准制定和约束范围来看，地理信息标准系统由国际级别标准、区域级别标准、合作组织标准、国家级别标准和行业范围的标准组成；从地理信息标准的专业级别来分，由通用性基础标准、专用性基础标准和应用性专业标准组成；从地理信息标准的技术类别来看，由基础框架、数据信息、应用服务和专用部分等组成。考虑到标准分类的专业性和有序性，本研究采取第二种分类方法，即地理信息标准系统第二级层次的结构包括地理信息通用基础标准、地理信息专用基础标准和地理信息技术应用专业标准三类标准，各类标准的内涵和下一级层次结构如下所示（此处采用了 Tor Bernhardsen 在 *Geographic Information Systems：An Introduction* 中的分类）：

1. 地理信息通用基础标准

此类标准是基于信息技术领域的技术现状以及相关标准的建设情况而制定的需共同遵守的通用性国际级别标准。如数据描述语言、查询语言、信息编码、信息转换语法等。

在大多数情况下这一级标准通过国际标准化组织、其他全球性合作组织或区域性合作组织来开展研究和编制工作，一般覆盖全球或某一个区域，并且侧重于制定框架性的标准和通用性规则。一个国家通常是根据本国地理信息标准建设的需要，部分地或全部地采纳地理信息通用基础标准，并把其作为本国地理信息标准体系的组成部分之一。

2. 地理信息专用基础标准

此类标准是基于地理信息技术领域/行业的技术现状、地理信息领域/行业的标准状况，以及基本技术要求来制定的需共同遵守的专用性基础国际级别标准、区域级别标准、组织性标准、国家级别标准。如属性结构、几何位置、数据质量、要素分类原则、应用模式、拓扑关系、地理信息服务框架、系统互操作、元数据等。

这一级地理信息标准工作包括两方面的内容：一方面是通过国际标准化组织、其他全球合作组织或区域合作组织来开展地理信息专用基础标准的研究和编制工作；另一方面在国家标准化工作开展时进行研究编制，重点制定地理信息标准所需要使用的、与地理信息技术有关的基础性、框架性的标准。地理信息专用基础标准一般覆盖全球、某一区域、某类组织或某个国家。一个国家通常是根据本国的需要，部分地或全部地采纳不由本国制定的这一级专用性基础级别标准，并把它作为本国地理信息标准体系中的一个组成部分。

3. 地理信息技术应用专业标准

此类标准是基于本国、本地区地理信息技术领域/行业的技术现状、数据生产、产品建设、信息系统建设和专业标准状况而制定的需共同遵守的专业领域的国家级别标准和行业级别标准。如基本地形图、道路图、公共设施图、城市规划图、地籍图以及其他专业应用的地理信息系统的标准等。

地理信息技术应用专业标准在大多数情况下是在国家或地区地理信息标准化工作范围内进行研究和制定。重点制定地理信息技术领域/行业内所用到的、与地理信息技术直接有关的应用性专业标准。地理信息技术应用专业标准一般覆盖一个国家或地区范围。它是本国、本地地理信息标准体系的主要组成部分。

3.3.3.2 标准系统协调分析

从系统学的角度来看，地理信息标准系统是在多重反馈回路作用下的复杂巨系统。它的特性、行为、结构、模式、形态、功能，是通过众多组分相互作用而在整体上体现出来的，是由组分自下而上自发产生的，是组织的产物和效应，不是系统的组成成分所固有。在整个地理信息标准系统中由若干个机制决定了整体系统的协调度，按照标准系统的层次分析，将其归纳为三类：信息技术和标准方面的通用标准制定、地理信息技术领域/行业的技术状况和标准状况，地理信息专业技术和专业标准协调机制。如图 3.2 所示。

由图 3.2 可见，地理信息标准系统的主要协调机制是：地理信息标准系统协调→通用标准协调机制→专用基础标准的协调→应用专业标准的协调→地理信息标准系统的协调。该协调机制是一个正反馈回路，同时是一个动态机制，系统内部各单元之间存在非线性的相互作用，地理信息标准系统在演化过程中，有可能从无序的状态演变成有序的结构，

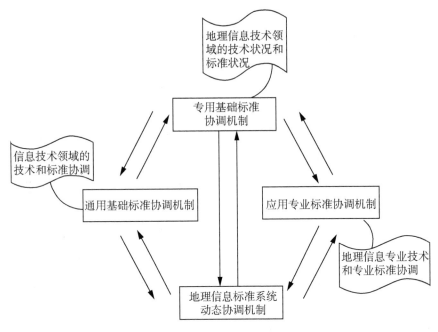

图 3.2　地理信息标准系统协调分析模型

也可能从有序结构转变为混沌无序的状态，或再变迁为新的有序结构。维持稳定有序的结构要求系统与外界有物质和能量的交换，同时远离平衡的状态。因此本章 3.4 节将对其进行有序化研究。

3.3.3.3　编制标准体系表

为实现地理信息标准系统结构的优化，需要研究应该建立哪些标准、什么样的标准体系。对于地理信息标准体系工程而言，标准体系的内容一方面包括所需的通用性基础和专业性基础的国际级别标准和区域级别标准，另一方面又包括我国制定的地理信息应用性专业国家级别标准和行业级别标准。因此地理信息标准系统的核心参考框架即是地理信息技术标准体系框架，框架图中每一类下挂的是该类标准集的部分标准。此处，参照成燕辉（2005 年）的研究成果，给出国家级地理信息技术标准体系框架，地区级（城市级）地理信息技术标准体系框架将在第 6 章中进行研究。

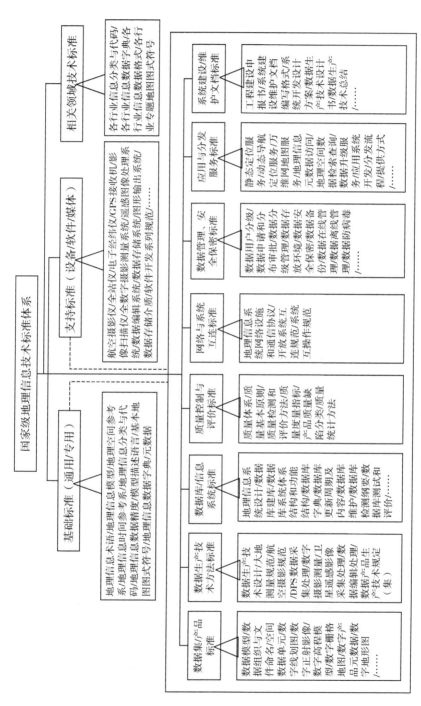

图3.3 国家级别地理信息技术标准体系框架

3.4　地理信息标准系统的有序化管理

有序原理是系统科学的三个基本原理(反馈原理、有序原理、整体原理)之一。系统只有稳定才能发挥其功能。地理信息标准系统不是孤立系统,它的稳定性除了受其内部诸构成要素间的系统程度的影响,还受到外部社会、经济环境等的制约和干扰。标准系统的稳定是相对和暂时的,不可能一劳永逸。当外部环境发生变化或者系统与外部环境不相适应时,地理信息标准系统面临着向与环境相适应的新的稳定状态过渡或者瘫痪瓦解两种选择。

地理信息标准系统的有序性反映了系统内部各要素间的有机联系。地理信息标准系统要素间秩序井然、联系稳定,那么整个地理信息标准系统就会具有特定的发展方向,表明该地理信息标准系统有序度高,这样的地理信息标准系统是稳定的;反之,地理信息标准系统要素间结构松散、杂乱无章,则表明其有序度低、无序度高,这样的地理信息标准系统是不稳定的,相应地其效应不会很高。因此努力提高地理信息标准系统有序性是维持地理信息标准系统稳定性的关键。

3.4.1　标准系统的有序和无序

地理信息标准系统的有序结构,是标准系统与环境以及系统内部各要素间相互联系、协同作用的结果。在地理信息标准系统形成和发展的过程中,如果内部因素和外部环境之间的关系处理不当,地理信息标准系统结构的有序性可能会降低,使得地理信息标准系统向无序方向演化。例如,由于地理信息标准是逐个制定的,在制定过程中很难做到最佳协调,可能遗留一些尚不适应的环节;当地理信息标准的绝对数增多以后,由于尚未采用先进的检索技术或当前检索技术无法做到实时互通,标准之间难免地可能出现互相冲突和抵触的情况;引进国际上多个标准时,各引进标准之间、引进标准同我国原有标准之间难免相互矛盾；在地理信息标准制定过程中，也有可能出现标准矛盾、重复、互不衔接的情况，或者未能及时淘汰低功效的地理信息标准、未能及时补充必要的新标准等问题；即便原有的地理信息标准系统结构状态较为优化，也有可能因标准系统外部环境的变化而使得地理信息标准系统要素发生局部变迁，如地理信息生产和技术水平的提高、根据消费者的要求新制定了高水平的标准等，从而会使地理信息标准要素间的联系变得不稳定、地理信息标准之间出现新不协调，继而向无序方向演化。

因此，如果不加控制地任由地理信息标准系统自然变化，会导致地理信息标准系统从有序向无序转变。对地理信息标准系统进行宏观管理的重要任务之一，就是努力提高地理信息标准系统的有序化程度，使地理信息标准系统维持稳定状态、并向新的更高水平的稳定状态过渡，促进系统进化、发展。

3.4.2 熵在地理信息标准系统有序化中的度量

有序原理可看作是热力学第二定律推广到非平衡态热力学敞开系统的必然结果。本研究用热力学中的负熵表示地理信息标准系统的有序度，用熵表示地理信息标准系统的无序度。熵是表示分子运动混乱程度时采用的物理量。熵增大（负熵减小），表示混乱程度增加、无序性增强；熵减少（负熵增大），表示混乱程度下降，有序性增强。提高地理信息标准系统的有序性，就是要使系统中的熵减少或者增加负熵。地理信息标准系统的"有序"指信息量增加，即熵减少。地理信息标准系统由较低级的结构发展为较高级的结构，是有序，反之是无序。

熵的概念由德国物理学家克劳修斯于1862年所提出。克劳修斯定义一个热力学系统中熵的增减：在一个可逆性程序里，被用在恒温的热的总数（ΔQ），并可以用公式表示为：

$$\Delta S = \frac{\Delta Q}{T} \tag{3.1}$$

式中：S 表示熵，也就是一个系统不受外部干扰时往内部最稳定状态发展的特性。与熵相反的概念为负熵。

经典热力学所研究的封闭系统，总是自发地趋向于平衡，趋向无序，即 $d_s \geq 0$。实际上由于包括生物体在内的众多系统都不是封闭系统而是敞开系统，因此趋向平衡、趋于无序并不是自然界的普遍规律。敞开系统通过和外界环境进行物质、能量、信息的交换呈现宏观范围的时空有序，即 $d_s < 0$，这就是非平衡态热力学。

在非平衡态热力学中，敞开系统的熵变由两部分组成：系统内部的不可逆过程产生的熵变，"熵产生" d_{js}；系统和外界环境间由于物质、能量、信息的交流而引起的熵变，"熵流" d_{es}。

$$d_s = d_{js} + d_{es} \qquad (3.2)$$

按照热力学第二定律，$d_{js} \geq 0$，从式 3.2 可以看出，只有当 $d_{es} < 0$，且 $|d_{es}| < |d_{js}|$ 时，即环境提供足够的负熵流时，系统的总熵 d_s 才会小于 0。

通过以上分析可见，地理信息标准系统走向有序的必要条件是：①地理信息标准系统必须是开放的，才可能提供负熵流；②地理信息标准系统必须远离平衡态，所提供的负熵流的绝对值才可能足够大。日本标准化专家松浦四郎在《工业化标准原理》（1981 年）一书中指出"标准化活动基本上可看成是人们为创造负熵所做的努力"。在地理信息标准系统管理中，地理信息标准只有在开放中、在远离平衡的涨落中才能创造负熵，走向有序发展。

3.4.3 有序原理在地理信息标准系统中的应用

地理信息标准有序原理，也即地理信息标准系统熵减少原理，指地理信息标准系统只有及时淘汰落后的、无用的要素，也即减少系统的熵，或补充对系统进化有激发力的新要素（增加负熵），才能使系统从较低有序状态向较高有序状态转化。本研究提出具有普适性的地理信息标准系统有序化应当采取的措施如下：

（1）对地理信息标准系统来说，经过优化获得的稳定结构，只能是暂时的，随着地理信息标准系统内外情况的变化必定要向不稳定状态转化，因而需要对地理信息标准系统的构成要素及时调整，使地理信息标准系统从较低有序状态向较高有序状态发展，以求建立新的、更高水平的稳定结构。

（2）要及时淘汰那些落后的、低功效的和无用的要素。这些要素同其他要素的关系并不密切、甚至毫无关系。在地理信息标准系统中，如果这类要素越多，那么系统就越松散，熵越大。因此需要对地理信息标准化对象经常运用简化的形式以提高产品系统的功能，对地理信息标准系统也应进行简化，使系统的熵减少，提高有序度。

（3）根据客观实际需要，及时地补充对地理信息标准系统进化具有激发力的新要素，尤其是高功效的要素，是推动系统发展的负熵流，能促进地理信息标准系统从无序到有序，再通过无序过渡到更高的有序，如此反复循环、向前发展。

以空间基础信息平台这一地理信息标准化系统依存主体为例。在设计过程和建设维护阶段，需根据该地理信息标准系统的有序化需求，考虑到当前地理信息领域/行业的环境情况和资源现状来进行有序化分析。本研究制定了以下 5 条空间基础信息平台标准系统有序化的措施（建立的具体标准体系见第 6 章）：

3.4.3.1　依托理论支撑

在战略层次上，根据地理信息标准体系由多学科技术交叉包含所组成的特性，依托地理科学、测绘遥感、信息技术、计算机科学等科学技术及其标准体系为理论支撑，贯穿于空间基础信息平台建设维护的各个方面，通过对这些理论支撑的继承和发展，形成完整的适用于空间基础信息平台的地理信息标准体系。

3.4.3.2　跟踪国际前沿

为促进空间基础信息平台标准系统的有序化，需要从全面提升空间基础信息共享能力、构筑多层次空间信息服务体系、服务于"数字深圳"应用和服务的要求出发，积极持续地跟踪国际标准化研究前沿、国际地理信息技术发展，充分采用适应空间基础信息平台的相关国际或区域标准、国内地理信息领域/行业标准以及其他行业的相关标准。

3.4.3.3　汲取科学方法

在跟踪国际前沿的基础上，要深入研究和学习适合空间基础信息平台的标准研究及制定方法，特别是国际、区域标准的研制方法及前沿技术，如系统分析方法、计算机支持协同、模块化理论等，对空间基础信息平台的标准系统有序化有很好的促进作用。

3.4.3.4　适应地方实际

结合深圳市的地方实际，构造有地方和区域特色的符合深圳社会经济发展的空间基础信息平台标准系统体系框架，形成包括采纳的国际或区域标准、我国国家标准、地理信息行业标准、相关信息标准在内的标准体系，各个组成部分既能有序地独立控制一个方面又能充分发挥整体功能。

3.4.3.5　与技术实践同步更新

在建设空间基础信息平台标准系统时，采纳的国际或区域标准、使用的研究制定方法，既要满足空间基础信息平台的实际需要，又要充分考虑"数字深圳"的未来发展需求，适时地不断修订标准系统，剔除过时的、无序的内容，加入新的、成熟的标准要素，确保空间基础信息平台标准系统具备科学性、先进性和实用性。

3.5　本章小结

本章分析了地理信息标准系统的管理内涵，运用系统效应原理、结构优化原理和有序化原理研究如何对地理信息标准系统进行科学有效的管理。

在系统效应管理方面，研究了系统效应目标下地理信息标准工作原理，把钱学森提出的"大成智慧工程"运用在地理信息标准系统的目标优化管理之中，并分析了地理信息标准系统的目标优化的语义一致性和指导实践特征。

在结构优化管理方面，分析了实现地理信息标准系统结构优化的途径，建立了地理信息标准体系通用基础标准、专用基础标准和应用专业标准的层次结构。在此基础上，制定了地理信息标准系统的协调机制模型，研究其主要协调机制是地理信息标准系统协调→通用标准协调机制→专用基础标准的协调→应用专业标准的协调→地理信息标准系统的协调。在地理信息标准体系表的编制方面，本章给出了国家级别地理信息技术标准体系。

在有序化管理方面，在分析了地理信息标准系统有序和无序的基础上，把热力学中"熵"的概念引入到地理信息标准系统有序化管理中。研究得出地理信息标准系统走向有序的必要条件，并据此相应地制定了实现其有序化应当采取的措施。

运用上述原理对地理信息标准系统进行管理，既符合地理信息标准系统和我国标准化工作的特点，又能充分发挥系统功能、促进地理信息标准系统的健康发展。

4 标准化工作系统计算机
支持协同工作流管理

4.1 基本分析

4.1.1 标准化工作系统

标准化工作系统是推动和实现标准化工作的外部动力系统，决定着标准化活动的客观效果。地理信息标准化工作系统是指组织和参与地理信息标准制定、贯彻、实施工作的人员、工作制度、工作程序以及相应的工作条件形成的行为系统和社会组织系统。

其中，人员包括地理信息标准制定专职人员、兼职人员、管理人员、技术专家、用户(企业、公众)等；工作制度和工作程序指保障地理信息标准化活动正常运转而规定的各种有关工作规范、标准化的工作体制；工作条件包括组织制定和贯彻标准所需的资金、工具、设备、物资和信息管理系统。地理信息标准化工作系统在地理信息标准化全过程中起作用，是地理信息标准化系统工程研究对象中最为活跃的因素。

4.1.2 工作流及其管理

工作流技术源于 20 世纪 70 年代中期对办公自动化领域的研究。1993 年 8 月第一个工作流技术标准化的工业组织——工作流管理联盟

(Workflow Management Coalition，WFMC)成立。WFMC 对工作流有以下
定义：工作流(Workflow)是指一类能够完全自动执行或部分自动执行的
业务流程。它是根据一系列的过程规则、文档、信息或任务，在不同的
工作执行者之间传递信息、执行任务。在这个流程中，数据、文档、信
息和任务按照一定的规则流动，以便协调涉及的组织成员之间的工作，
最终实现系统的整体性目标。工作流管理的实现是实现协同开发的重要
基础，其目标是实现业务过程运行的全部自动化或部分自动化，以便有
效地分离流程应用逻辑和过程逻辑，合理地组织人、资源、信息以及应
用工具，以发挥系统的最大效能。

4.1.3 计算机支持协同工作

计算机支持协同工作（Computer Supported Cooperative Work，
CSCW)是在信息时代发展起来的一门多学科交叉、多学科支持的新兴
学科。CSCW 将计算机技术、多媒体科技、网络通信技术以及其他相关
社会科学紧密结合，向人们提供一种有效的、全新的交流方式。20 世
纪 70 年代，德国斯图加特大学物理学家 Hermann Haken 教授提出了协
同学研究的概念。1984 年美国麻省理工学院的 Irene Grief 和美国数字设
备公司(Digital Equipment Corporation，DEC)的 Paul Cashman 两位研究
员在描述他们所组织的有关如何利用计算机来支持不同领域和学科的人
们共同工作的研究课题时，提出了 CSCW 的概念。CSCW 是在计算机技
术支持，特别是在计算机网络环境支持下，一个群体协作完成一项共同
任务，它的目标是要设计支持各种各样的协同工作的应用系统。

在信息化社会，计算机系统结构沿着“单机单用户→单机多用户→
多机系统→计算机网络→计算机互连、互操作和协同工作”的方向发
展。计算机互操作、协同工作构成的网络计算和协同计算是实现 CSCW
的基础。CSCW 的出现和发展反映了人类社会对群体协作工具的需求，
是信息技术、特别是计算机技术和计算机网络技术的新发展，是信息时
代的必然产物。

4.1.4 地理信息标准化工作系统协同工作流管理的内涵

根据上文的定义，计算机支持协同工作是借助计算机及其网络通信技术、多媒体科技等技术，使得位于分散地域的群体能够共同协作、协调完成一项任务。显而易见，地理信息标准化工作系统属于协同系统，是在分布式环境下，利用计算机支持用户之间的交互，对地理信息标准化工作系统进行高效、严谨的管理。通过协同工作流管理，可以使地理信息标准建设各环节联系紧密、协作和谐有序。

定义地理信息标准化工作系统计算机支持协同工作流管理（以下简称为协同工作流管理）为：通过对协同工作环境中的地理信息标准化工作流管理技术进行研究，在多个参与者之间，按某种预定规则利用计算机、网络等信息技术传递地理信息标准建设资源、信息和任务，为地理信息标准化建设提供一个能够支持异地分布的多个地理信息领域/行业用户并行的、协同合作完成的任务及其相关过程开发的工作系统，以达到提高系统效率、降低生产成本、提升地理信息标准化工作系统管理水平和竞争力的目的。

地理信息标准化协同工作流管理分为模型建立、模型实例化和模型执行三个阶段。在模型建立阶段，通过利用工作流建模工具，完成地理信息标准化协同工作流管理需求分析、建立参考模型结构；在模型实例化阶段，建立地理信息标准化工作流体系结构，制定流程；在模型执行阶段，完成地理信息标准化工作流过程的执行，包括运行、维护和控制。

4.2 地理信息标准化协同工作流管理需求分析

在通用层面工作流系统有三个功能需求：建立阶段的功能，包括定义、模拟工作流过程、建模，及其组成活动等；运行阶段的控制功能，包括工作流的执行，完成每个工作流过程中调控活动的功能等；应用时期的人机交互功能，包括与用户、IT 应用工具的交互，执行各种活动。

4.2.1　功能需求分析

根据地理信息标准化工作的特点，将协同工作流管理的三大功能需求具体化为以下几点，如图 4.1 所示：

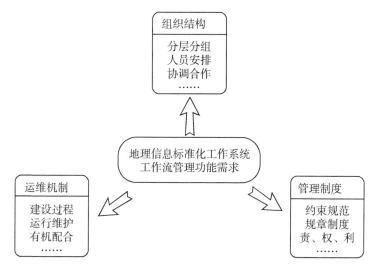

图 4.1　地理信息标准化工作系统协同工作流管理功能需求

（1）组织结构管理需求。它是整个地理信息标准化管理活动过程中决策、计划、组织、执行、调控、监督、反馈等综合体系的反映，既是具体组织管理的人员安排，也体现了参与管理执行的各人员分工、分组和协调合作的地位和相互关系。

（2）运行维护机制管理需求。指研究地理信息标准化建设过程中各个环节怎样有机配合，才能使地理信息标准建设协调、灵活、高效运转，才能使地理信息标准化系统稳步健康发展，保持长久的活力。

（3）管理制度建设需求。需要制定地理信息标准化相关的管理规章和制度，用来约束和规范标准建设和运行中的各种行为、活动。管理制度具有法的效力，是根据宪法和法律制定的，是从属于法律的规范性文件，人人必须遵守，违反它就要承担一定的法律责任。

4.2.2 管理原则分析

通过对管理功能需求的分析，本研究提出四条地理信息标准化工作系统管理原则。

原则1：发挥政府的主导作用，建立健全地理信息标准化工作系统管理体制

政府在地理信息标准化工作中起着主导作用，充分发挥政府的宏观调控和行政管理作用是地理信息标准化工作系统良性运行的关键。优化信息资源配置、提高信息的利用率、统筹兼顾各地区、各行业和各部门的需求，从而可以充分发挥信息资源的效益，对地理信息及相关资源的规划和使用进行全局考虑、安排地理信息生产布局的调整以及重要信息资源的优化配置，具有重要的战略意义。

原则2：构建合理的地理信息标准化工作系统管理体制，适时推进首席信息官制度

地理信息标准化工作系统要实现整体推进、长远发展，应当完善其管理体制，实行集流程再造、信息发布、资源共享等职能于一体，集规划、建设、管理等流程于一体的首席信息官制度，包括决策层、管理层、执行层。决策层重点关注地理信息标准建设战略设计的一致性；管理层侧重于加强组织建设工作的协调性，明确地理信息标准化工作管理机构，避免交叉管理和管理真空；执行层主要提高地理信息标准建设工作效率和相关部门数据管理水平、一致性程度，切实提高地理信息标准的质量。

原则3：建立专门的地理信息标准建设协调机构，为信息共享提供组织保障

建立一个独立的协调机构，负责地理信息标准化工作系统的总体协调，为地理信息标准和信息共享提供有力的组织保障。一方面，地理信息标准建设协调机构要具有相当的权威性。由于协调工作涉及地理信息

标准建设过程中各部门业务流程的重新调整，牵涉到各部门既得利益的再分配，因而不仅需要单纯的协调，还需要地理信息标准建设协调机构本身、机构负责人具备一定的权威性，从而使这种协调带有潜在的保障性和强制性。另一方面，地理信息标准建设协调机构要有相对的宏观性。地理信息标准建设协调机构的工作要有明确的地理信息标准建设的规划指导，通过综合整合工作流中各类信息资源、技术资源，促进地理信息标准建设的整体发展。

原则4：建立管理方面的地理信息标准化体系，为信息共享提供政策支持

地理信息标准建设是实现相关行业之间、行业内部、部门之间互相连通、资源共享、业务协同的基石。从工作流的角度出发，所建设的地理信息标准化体系不仅要着眼于技术层面标准的探讨和制定，还要考虑地理信息标准建设过程中管理行为和过程的标准化，重视如何协调信息技术的快速发展与标准的稳定性之间的关系，制定运行维护机制、管理办法、更新机制、评价规程等地理信息标准化工作管理标准体系。

4.3 基于协同的工作流体系结构构建

4.3.1 工作流参考模型内涵分析

为促进工作流的应用，实现工作流模型之间的互操作，WFMC 提出了工作流参考模型。工作流参考模型具有良好的适应性和开放性，为工作流建模、工作流系统结构组织提供了基本的框架，它被大多数研究所、生产商等广为接受。在总结工作流参考模型建立十年来的经验、回顾其发展历程后，David Hollingsworth 指出：工作流参考模型创建并提供了规范的术语表，该术语表为工作流系统体系结构提供了讨论的基础；工作流参考模型向协同工作流管理系统的关键软件部件提供了功能描述，同时也提供了交互描述，功能描述及交互描述能够独立于特定的

产品和特定技术而实现；从功能的角度工作流参考模型定义了5个关键
软件部件的交互接口，以推动信息交换的标准化，使得不同产品间的互
操作成为可能。如图4.2所示：

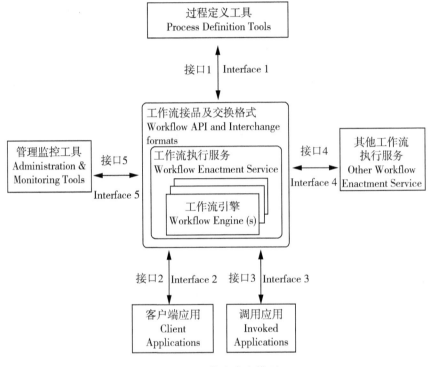

图4.2　工作流参考模型

从图4.2中可以看出，工作流参考模型定义了构成工作流管理系统
的基本部件以及这些基本部件交互使用的接口。基本部件包括工作流引
擎、过程定义工具、管理监控工具、工作流执行服务、调用应用、客户
端应用。交互使用的接口包括接口1、接口2、接口3、接口4、接口5。
根据WFMC的定义，本研究将每个接口和部件的功能内涵分析提炼如下：

1. 工作流执行服务（Workflow Enactment Service）

是工作流引擎的运行环境。工作流执行服务根据过程定义于工作流

初始化阶段生成过程实例，然后交由相关的工作流引擎执行。在工作流运行时，工作流执行服务控制、协调多个工作流实例的运行，并根据工作流相关数据实现过程活动导航以及外部资源调度。

2. 工作流引擎(Workflow Engine(s))

是工作流实例的运行环境。工作流引擎负责解释执行该工作流实例，在用户之间传递该工作流相关数据和信息，支持该工作流活动的状态转换，提供该工作流同外部应用交互的统一界面。

3. 过程定义工具(Process Definition Tools)

是对工作流模板进行定义，定义之后存储在工作流模型库中。过程定义工具负责对业务过程进行记录、描述、分析和建模，生成可被系统的工作流引擎解释、执行的过程定义。

4. 客户端应用(Client Applications)

是用户完成工作流实例活动的私有环境。客户端应用包括用户的任务列表、所拥有的数据、信息等资源。工作流引擎通过客户端应用的任务列表管理器管理资源。

5. 调用应用(Invoked Applications)

是被工作流执行服务调用的应用。为了协作完成一个流程实例的执行，调用应用与不同的工作流执行服务之间进行交互。

6. 管理监控工具(Administration & Monitoring Tools)

指对工作流系统组织机构、数据体系等的维护管理，对流程执行情况的监控。管理监控工具同工作流执行服务交互。

7. 接口 1~5

接口 1(Interface 1)，是工作流执行服务同工作流建模工具之间的接口，包括工作流模型的解释和读写访问。

接口 2(Interface 2)，是工作流执行服务同客户应用之间的接口，约定所有工作流执行服务和客户方应用之间的功能访问方式，是最主要的接口规范。

接口 3(Interface 3)，是工作流引擎和应用间的直接接口。

接口 4(Interface 4)，是工作流执行服务之间的互操作接口。

接口 5(Interface 5)，是工作流执行服务同工作流管理工具之间的接口。

4.3.2 地理信息标准化协同工作流管理系统体系结构

针对地理信息标准化工作系统的特点，结合工作流参考模型、运用协同原理，考虑到 B/S 结构基于 Internet/Intranet 技术适用于局域网和广域网环境，能够摆脱 C/S 结构实施、维护工作复杂等情况，本研究提出基于 B/S 结构和分布式对象技术的地理信息标准化协同工作流管理系统体系结构，见图 4.3 所示。

基于协同的地理信息标准化协同工作流管理系统，包含流程定义、工作列表管理、流程执行监控、外部应用四大接口。用户包括标准化工作管理人员、标准建设工作流设计(技术)人员、专家(知识库)、地理信息领域/行业企业等用户。浏览器端根据服务器端接口层定义的工作流接口协议来调用工作流执行引擎中的服务，工作流引擎根据对数据层中的工作流内部数据和外部应用数据最终完成用户请求的操作。该体系结构通过与地理信息标准建设中的各种信息资源进行交互，实现对地理信息标准协同开发建设的成员间协同信息的管理，实现对成员间协作活动的协调，反映了工作流参考模型良好的开放性。定义各模块的功能如下：

1. 流程定义

通过可视化流程工具将数据层(库管理系统)、服务端组件(工作流引擎)转变为工作流模型。

2. 工作列表管理

依据流程定义，对地理信息标准化工作系统业务环节、工作任务、工作规则、信息资源、协作人员等相关要素进行解析和调度，完成地理信息标准化建设业务流程的运行。

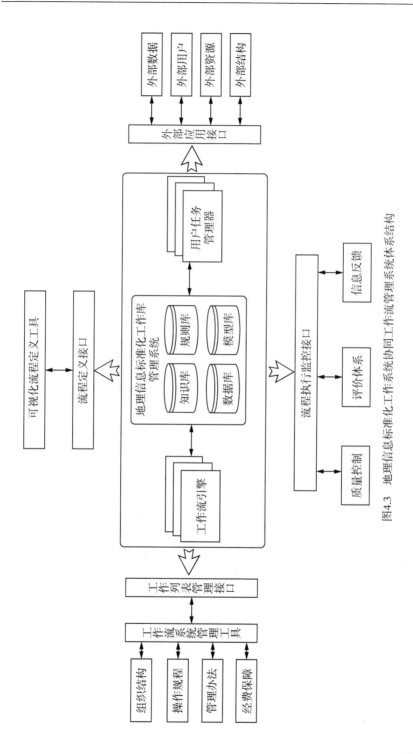

图4.3 地理信息标准化工作系统协同工作流管理系统体系结构

3. 流程执行监控

负责验证工作流运行的逻辑正确性，监控协同工作流管理系统的运行情况，维护工作流模型语义的一致性、完整性等。

4. 外部应用

提供工作流引擎所生成的任务信息、资源信息，支持分布式的面向任务的地理信息标准建设多用户协作机能，如分布式的信息查询、协同式的信息录入等功能。

4.3.3　地理信息标准化工作流程

地理信息标准化工作流程包含三个互相关联的活动，即从制定、实施到信息反馈的一次循环过程。从协同工作的角度，地理信息标准化的制定过程包含标准需求调查、试验调研、论证分析、起草标准、征求专家意见、编写送审、报批复核、审批发布等活动。地理信息标准化工作的实施是验证地理信息标准是否科学合理的重要手段，包含实施过程策划、技术准备、物资准备、实施过程管理、总结改进等流程。获得必要的信息反馈是对地理信息标准化工作进行科学管理、保证地理信息标准系统正常稳定运作的重要因素，信息反馈过程要求用户及时反馈信息、建立起协作的畅通沟通，是本轮地理信息标准化工作流程的最后一个环节，也是下一个地理信息标准化工作流程的开始。在此过程中，地理信息标准化工作的开展符合"金字塔"结构。如图 4.4 所示。

A→B 指地理信息标准制定的过程，B→C 指地理信息标准实施过程，C→A 指地理信息标准反馈过程。三条边连在一起，形成闭环通道，任何环节功能不足或者缺失都会对整个过程造成影响。一轮"A→B、B→C、C→A"结束之后，地理信息标准化活动并没有终止，而是开始第二轮循环，第一轮的终点 A 也是第二轮的起点 A。依此类推，每循环一轮都根据信息反馈、环境变化而在原有基础上有所创新、修订、改进，地理信息标准化工作得以推进和发展。

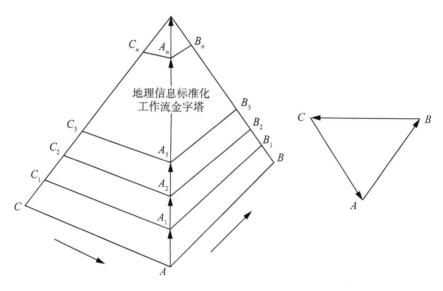

图4.4 地理信息标准化工作流流程模型

4.4 地理信息标准化工作系统运行控制

在工作流运行过程中，要考虑如何对地理信息标准化工作系统进行运行控制、协调调度，以保证标准化工作质量，确保预定目标的实现。既包括对工作流过程进行反馈控制，又包括对标准系统的数据进行质量控制。

4.4.1 地理信息标准化工作流过程的反馈控制

对地理信息标准化工作流过程进行协调和调度的方法，是从变化的标准化建设环境中接受信息和处理利用信息，以此来感知环境的变化，也即信息反馈。信息反馈是地理信息标准化建设稳定运作和良好管理的前提。地理信息标准化工作系统中的控制包括指挥、调节、组织、协调等管理职能，目的是使地理信息标准化工作流过程稳定或使系统内要素形成一个具

89

有新功能的整体以产生更大的系统效应，促进系统与环境相适应。

4.4.1.1　反馈控制模型和机制

控制模型有开环控制、闭环控制两种。开环控制（Open Loop Controlled）是指控制装置与被控对象之间只按顺序工作，没有反向联系的控制过程。开环控制没有反馈环节，系统的稳定性较低，响应时间相对来说很长、精确度不高，适用于对系统稳定性精确度要求不高的简单系统。闭环控制（Close Loop Controlled）有反馈环节，通过反馈系统使系统的精确度提高、响应时间缩短，适合于对系统的响应时间、稳定性要求高的系统。

地理信息标准化工作系统是人造系统，需要管理者自觉地运用反馈控制原理主动进行调节，才能使其处于稳态。反馈越及时，越能增强地理信息标准化工作系统的组织程度；反馈越迟缓，地理信息标准化工作系统就越易衰败。所以地理信息标准化工作管理部门要建立强有力的信息反馈系统。由于闭环控制输出量对系统控制作用起直接影响、有反馈作用，因此地理信息标准化工作流过程采用闭环控制的方法。根据4.1节中对地理信息标准化工作流过程的基本分析，建立反馈控制模型如图4.5所示：

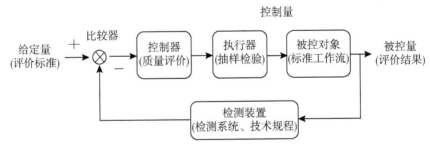

图4.5　地理信息标准化工作流反馈控制模型

地理信息标准化工作流过程反馈控制系统由控制器、受控对象和反馈通路组成。图中带叉号的圆圈为比较环节，与控制器都属于调节环节，用来将输入的地理信息标准与给定的评价指标相减，给出偏差信号。其反馈回路的流程如图4.6所示：

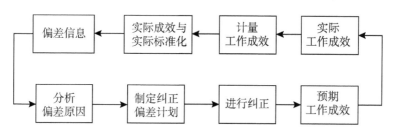

图 4.6 地理信息标准化工作流反馈回路流程

如图4.5、图4.6所示，地理信息标准化工作流过程反馈控制包括以下内涵：

(1)地理信息标准化工作系统的稳定发展离不开反馈控制。

(2)地理信息标准化工作系统在建立和发展过程中，通过经常的信息反馈、不断地调节通外部环境的关系，能够有效地提高地理信息标准化工作系统的适应性，发挥出系统效应，促进地理信息标准化工作系统向有序程度较高的方向发展。

(3)地理信息标准化工作系统同外部环境的适应性和有序性不可能自发实现，需要由控制系统(标准化管理部门)实行强有力的反馈控制。地理信息标准化工作管理部门的信息管理系统是否灵敏、健全，利用信息进行控制的各种技术和行政的措施是否有效，即管理系统的控制能力、管理水平如何，对地理信息标准化工作的发展有重要影响。

4.4.1.2 反馈控制方案

在地理信息标准化工作系统中，及时有效的信息反馈、正确而可靠的地理数据质量信息是地理信息标准有效应用的前提，它影响着一个应用能否恰当地使用数据，也影响着对决策方案所做的评估。因此，制定反馈控制方案如图4.7所示，把依存主体用户的各种需求和反馈都充分考虑在规范化里，以期地理信息标准化达到更好的质量控制效果。考虑到系统中数据资源因素和人为信息因素的特性，数据质量可以用量化的方式进行质量控制，用户信息可以采取调查问卷、会议、专家论证等方式进行反馈。

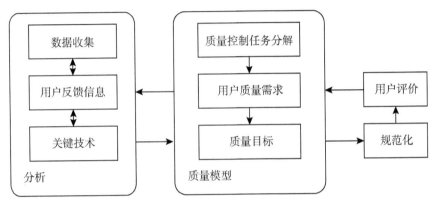

图4.7 地理信息标准化工作系统数据质量反馈控制方案

以空间基础信息平台这一地理信息标准化系统依存主体为例，质量反馈控制机制包括质量分析、质量控制、用户评价反馈等几个方面，体现在空间基础信息平台标准化建设中即为"质量控制模块"的建设（建设内容具体见第6章）：

首先制定空间基础信息平台数据质量评价技术规程。

然后根据评价技术规程对检查验收的基本规定，如数据质量目标、质量控制任务、使用到的关键技术等，空间基础信息平台的用户（包括检验人员）对数据质量进行抽样检查或随机检查。将检查结果规范化，并以用户评价的方式反馈至控制系统（空间基础信息平台标准化管理部门）。

在该机制中，考虑到空间基础信息平台数据内涵的丰富性，为实现反馈控制方案有效持续进行，通常各类数据的抽样检验、质量评价、用户反馈、质量控制等多个流程同时有序地进行。

4.4.2 地理信息标准化工作系统数据质量控制

根据上文研究，把地理信息标准化工作系统反馈控制中的数据质量控制具体化，也即对地理信息标准建设中所涉及的数据，根据其质量特点提出数据质量控制的方法和质量评价体系，形成总体的质量控制体系，制定数据质量检测抽样调查技术规范。

4.4.2.1 数据质量评价模型分析

常用的数据质量评价模型有缺陷扣分评价、ISO/TC 211 加权平均模型、基于粗集的多指标综合评价模型、基于模糊集理论的综合评价模型等。对这四类评价模型进行分析比较，如表 4.1 所示：

表 4.1 　　　　　　　　　　　**数据质量评价模型的比较**

评价模型	模型概述	特点	局限
缺陷扣分法	根据单位产品的得分值评价产品质量： ①设 100 分为满分，对数据产品的缺陷进行判定、按照严重程度进行扣分； ②累加各个缺陷扣分值； ③该产品的得分值 = 100 − 累加的扣分值； ④最后由得分值判定产品质量	①操作简便； ②对缺陷的反应灵敏； ③缺陷值易于量化； ④缺陷值直接对应于产品的不同质量等级； ⑤方便对产品质量进行分等定级	重缺陷与轻缺陷扣分值跳跃大；评价结果较粗糙
ISO/TC 211 加权平均模型	对数据质量进行直接评价： ①选择适用的数据质量元素及子元素； ②按照数据特征将其分成若干地物要素，并分配适当权重； ③给每个数据质量元素选择一种数据质量量度； ④进行抽样，统计错误数据总量占抽样数据的百分率； ⑤按照各地物要素权重计算加权平均	①计算方法简单； ②计算机程序实现性强	不适用于缺陷幅度较大的情况

续表

评价模型	模型概述	特点	局限
基于粗集的多指标综合评价模型	在多指标体系下对评估 GIS 产品质量的归类判别；用五元组 <U, W, V, D, A> 进行描述，其中，U—评估对象 GIS 产品；W—各指标的权重；V—评估对象在指标体系下的属性值；D—评估结果；A—系统评估的指标体系结构	①理论基础可靠、科学有效；②得到的结论可解释、实用性强	区域划分较粗糙；只能用于定性的量
基于模糊集理论的综合评价模型	①选取一定的隶属函数对同一分数计算出属于不同级别的值；②选取函数各特征质量的权重；③按照模糊关系运算规则得到各级别最终值；④依最大隶属度判定 GIS 产品质量等级	①考虑到了产品质量的模糊属性；②评价过程更细腻；③结果具有科学性和合理性	权向量的确定以及隶属度的确定等问题尚待解决

通过对现有的各类质量评价模型比较分析，选取将缺陷扣分模型和加权平均模型相结合的缺陷扣分、加权平均模型，作为地理信息标准化工作系统的数据质量评价模型。如图4.8所示。基于加权平均的缺陷扣分评价方法既考虑到不同地理信息要素在整个数据集中的重要程度不同造成其中的错误对数据集质量的影响程度不同，也考虑了同一种地理信息要素中不同缺陷级别的错误对数据质量结果所产生的影响程度不同，因此评价的结果更准确。在给出基于数据质量得分的数据质量分级方案的情况下，该模型也可以评价出数据集的质量等级。数据集各要素的缺陷的级别、个数、数据质量等级和数据质量结果值共同构成了数据质量评价报告。此模型结合了缺陷扣分、加权平均模型的各项优点，在实际应用中具有较强的操作性。

评价步骤如下所示：

（1）将地理信息标准化工作系统单位数据（产品）的满分设为100分。

（2）对产品的缺陷进行判定，并按严重程度对各缺陷进行扣分。

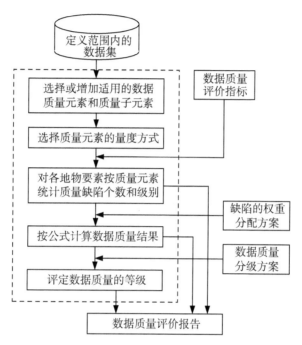

图 4.8 地理信息标准化工作系统数据质量评级模型

表 4.2 扣分标准

缺陷等级	严重缺陷(分)	重缺陷(分)	轻缺陷(分)
缺陷扣分值	42	12/T	1/T

（3）将各缺陷扣分值累加，再由 100 分减去累加的扣分值作为该产品的得分值。

①单位产品的二级质量元素得分计算：

$$M_i = 100 - 42 \times E_{i1} - (12/T) \times E_{i2} - (1/T) \times E_{i3} \qquad (4.1)$$

式中：M_i 为单位产品第 i 个二级质量元素得分；E_{i1} 为单位产品中第 i 个二级质量元素的严重缺陷的个数；E_{i2} 为单位产品中第 i 个二级质量元素的重缺陷的个数；E_{i3} 为单位产品中第 i 个二级质量元素的轻缺陷的

个数；i 为某个一级质量元素所含二级质量元素个数；T 为缺陷值调整系数，根据单位产品的复杂程度而定，一般取值范围为 0.8~1.2。

②单位产品的一级质量元素得分计算：

$$W_j = \sum_{i=1}^{n} (M_j \times P_j) \tag{4.2}$$

式中：W 为单位产品的得分；P_j 为相应质量元素的权；n 为项数；j 为所含一级质量元素个数。

③单位产品质量得分计算：

$$Z_j = \sum_{i=1}^{n} (W_k \times P_k) \tag{4.3}$$

式中：Z 为单位产品的得分；W_k 为单位产品第 k 个一级质量元素得分；P_k 为第 k 个一级质量元素的权；n 为项数；k 为参加计算的一级质量元素的个数。

(4)由得分值判定产品的质量。

4.4.2.2 抽样检验方案

按照判定标准制定地理信息标准化工作系统数据质量抽样检验方案，包括计量抽样检验和计数抽样检验。具体如下：

1. 计量抽样检验

利用随机抽取的样本中各单位产品的质量特征进行检验，并根据某种规定来判断该产品是否合格。其质量特征值是连续变化的数值，常用的是均值、不合格品率和标准差等。

2. 计数抽样检验

按单位产品的某些计数标准区分为合格与不合格，用累积的样本不合格品数与所规定的合格判定数比较来判断产品的合格(接受)或不合格(拒收)。适合于地理信息标准化工作系统计数抽样检验方案按抽取样本的次数可以分为以下三种：

(1)一次抽样检验。根据一次从检验批中随机抽取的一个样本，通过检验来确定是接受或是拒收这批产品。对于批量为 N 的检验批，一次抽样检验方案用$(n，c)$表示，n表示抽样检验的样本大小，c表示合格判定数。当检验后查出不合格品数为d，则判定规则是：当$d \leqslant c$时接收此批产品；当$d>c$时拒收此批产品。

（2）二次抽样检验。根据两次从检验批中抽取两个样本来判定这批产品是否合格。对于批量为N的检验批，二次抽样检验方案用$(n_1，n_2，c_1，c_2)$表示，其中n_1，n_2表示二次抽样的两个样本大小；c_1，c_2表示判定数。若两次检验后查出的不合格品数d_1，d_2，则判定规则是：

当$d_1 \leqslant c_1$时，接收此批产品，不必再抽取n_2；

当$d_1>c_2$时，拒收此批产品，也不必再抽取n_2；

当$c_1<d_1 \leqslant c_2$时，应第二次抽取样本。若$d_1+d_2 \leqslant c_2$，则接收此批；若$d_1+d_2>c_2$，则拒收此批。

（3）数据样本的抽取采用简单随机抽样法

按交验图幅批量数 **N** 的 10% 抽取样本，当 **N** ≤ 10 幅时，$n=2$；当 **N**>10 幅时，且 **N**×10% 不为整数，则取其整数后加 1 作为抽检样本数。

（4）正常、加宽或放宽检验

根据检验过程中出现的各种情况，进行加宽或放宽检验。

4.4.2.3 质量控制与检验方案

以空间基础信息平台这一地理信息标准化系统依存主体为例，从以下两个方面构建恰当的空间基础信息平台标准化工作系统数据质量控制与检验方法模型：

1. 针对不同的生产方式特点研究针对性的质量控制与检验、评价方法

不同的生产方式所产生的数据质量问题各不相同，有不同的侧重方面，因此需要针对如公开版电子地图数据、公共设施数据、三维建筑物模型数据等地理空间数据生产过程中可能产生的质量问题进行专门的分析，建立具有针对性的质量控制与检验方法。

质量度量模型、质量评价模型属于概念级模型，用于地理空间数据

质量标准的制定，其中质量度量指标在有关标准中规定。该模型中的质量元素不同的结合可用于不同类型的空间数据质量的评价，例如矢量数据质量可采用位置精度、属性精度、逻辑一致性、要素完备性、现势性和附件质量作为质量元素；影像数据质量可采用位置精度、影像质量和附件质量作为质量元素。由于地理空间数据质量影响因素的多样性，一些度量指标的非定量性，因此对地理空间数据质量的度量指标的大小与评价方法需进一步量化研究。

2. 质量控制与检验方法要考虑更新生产的特点

空间基础信息平台中数据的现势性是衡量其使用价值的重要标准之一。随着地理信息系统的发展，数据更新的技术和策略已成为地理信息系统及其标准化研究的重要问题。数据更新的意义在于其直接关系到地理信息标准化系统数据的有效应用。基础地理信息数据为各种专题数据库底层数据。对各专题数据库基础数据更新将有利于与空间基础信息平台标准化建设相关的各项工作良性发展，提高地理信息的经济价值和社会价值、实现共建共享，从而使空间基础信息平台有效地为"数字深圳"服务。在更新的过程中，数据质量的保证是更新工作顺利及有效的前提，通过调查各种检查记录和验收记录，根据更新生产的固有特征，研究更新的质量控制与检验方法，如同比例尺数据更新、跨比例尺数据更新，要素替代等的合理性问题；针对更新的数据，研究应采取的质量控制措施，确保其质量的可靠性。

4.5 本章小结

本章在分析了标准化工作系统管理的内涵基础上，将工作流、计算机支持协同工作、反馈控制等办公自动化、管理学、经济学、协同学理论引入标准化工作系统管理分析。

首先分析了计算机支持协同工作对地理信息标准化工作系统管理的重要性，建立了地理信息标准化工作系统协同工作流管理概念，详细研究了地理信息标准化工作系统协同工作流管理的三个需求：组织结构管理需求、运行维护机制管理需求、管理制度建设需求。在此基础上，提炼出了地理信息标准化工作系统管理原则。接下来构建了基于计算机支持协同的地理信息标准化工作体系结构。建立了地理信息标准化工作系统参考模型，提出了基于 B/S 结构和分布式对象技术的地理信息标准化工作系统协同工作流管理体系结构。之后，从协同工作的角度研究了地理信息标准化工作管理的三个过程：制定过程、实施过程、反馈过程。根据三个管理过程互相管理、循环迁升的特点，建立了地理信息标准化工作流流程模型，即"金字塔"结构。

根据反馈控制原理，构建了地理信息标准化工作流闭环反馈控制模型，研究了地理信息标准化工作流反馈回路流程。最后根据研究分析的地理信息标准化工作系统反馈控制内涵，制定了地理信息标准化工作系统数据质量反馈控制方案，并对地理空间数据质量信息反馈控制具体化，研究制定了数据质量抽样检验方案、质量控制与检验方案。

从计算机支持协同工作流的角度，界定了地理信息标准化协同工作流管理的需求、确定了管理目的、提出了基于 B/S 结构和分布式对象技术的地理信息标准化协同工作流管理系统体系结构，制定了反馈控制机制，能够使地理信息标准建设各环节联系紧密、协作和谐有序，实现对地理信息标准化工作系统高效、严谨的管理。

5 地理信息标准模块化研究

在全球化和信息化背景下，在信息技术与知识经济发展的推动下，近年来国内外掀起一阵模块化研究热潮。模块化作为一种处理复杂问题的思维原则和基本方法，不仅有助于理解标准系统和经济社会现象之间的相互联系，而且能帮助我们重新认识新经济时代下标准的特征。但模块化还是个较"新"的研究领域，目前尚未形成系统的理论，标准界对它的研究也还处于摸索阶段。本章是对模块化在地理信息标准应用中的探索，侧重于理论分析、模型构建。模块化的具体应用将在第 6 章中进行研究。

5.1 基本分析

模块化是工业化时代的产物，它的产生同产品和工程的复杂程度提高有极密切的关系。随着经济的发展和技术创新步伐的加快，人们设计、制造、研究、开发的对象越来越多、面临的系统日益庞大，过去解决问题的方法已不再适用，迫切需要新的方法和手段来处理和思考问题。模块化立足于分割较庞大的系统为若干个模块，这些相对独立的模块使得系统的运行和管理由错综复杂变得更为简单，从而使系统问题易于处理和解决，因此模块化渐渐成为人们用来处理复杂问题的有效方法。20 世纪 60 年代后期起英国开始把模块化的设计方法应用到武器系统的开发中。20 世纪 70 年代，一些工业发达国家如美国、俄罗斯等国就已经把模块化概念较好地应用到了舰船的指挥系统、武器系统和火控系统的研制中。随着集成电路概念和技术的出现及发展，标准电子模块概念和技术产生了，美国海军从20世纪70年代起开始大力推广标准电子模块这一技术。现今，模块化的概念不仅是经济学、经营学、管理学最热门的话题之一，还渗透到了其他行业和领域，其强大的冲击力有可能彻底改变现存产业、企业的结构。

我国标准化专家李春田教授1991年发表了《模块化研究与讨论势在必行》一文，该文成为中国标准化协会召开首届(1991年)全国模块化理论与应用研讨会的起因。但之后由于《中华人民共和国标准化法》的贯彻实施，标准化工作者的关注重点从模块化转移到其他方面，我国对标准的模块化研究停滞不前。日本经济产业研究所于2001年召开以"模块化"为主题的研究会议，所长青木昌彦教授敏锐地指出美国硅谷在产品创新能力上的重要优势体现于其"模块设计"原理，这正是美国在其汽车制造业、电子制造业落后于日本之后，其新产业却能够走在日本之前的原因。青木昌彦教授强调了模块化在现代经济社会的重要性，引发了经济界、管理界、信息科技行业的重视和讨论。

鉴于模块化在我国标准化界奠基早、但应用不够重视，被日本等国超前这一情况，李春田教授于2007起发表系列文章呼吁"用好模块化这个标准化利器，为建设创新型国家作出重要贡献"。他认为，模块化凝聚了当前所有标准化形式的特点和优点，吸收了管理科学、技术科学和经济学等多学科的成果，形成了具有时代特点的理论体系，是应对建设创新型国家、国际经济技术竞争的有力武器，是标准化理论和学科建设的资源库。本章尝试将模块化作为标准化的高级形式，作为处理地理信息标准化这一复杂系统的思维原则和基本方法，探索地理信息标准模块化研究。

5.1.1 模块及其分类

目前学术界对模块和模块化尚无统一定义。较为经典的概念由青木昌彦教授在《模块时代——新产业结构的本质》一书中给出；在标准化界的代表性概念由李春田教授在《现代标准化前沿：模块化研究》一书中提出。

定义一：模块指半自律的子系统和其他子系统按照一定规则相互联系，构成的更加复杂的系统或过程（青木昌彦，2003）。该定义强调了模块是可组合成系统的独立单元，是半自律的子系统，具有确定的功能，具有标准化的接口，具有通用性和兼容性。

定义二：模块通常由组件及零部件组合而成，是具有独立功能的、可以单独制造并成系列的标准化单元，模块通过不同的接口形式与其他单元组成产品可以分割、可以组合、可以互换（李春田，2008）。定义二强调了模块是系统的构成要素，具有特定的、相对独立的功能；模块化操作的条件是模块的互换性及可兼容性；模块具有传递信息和功能的接口和相互连接的相应结构；模块具备多种组合性、通用性的可能。

统计分析当前国际国内对模块的主要分类，有的按照工学性质、按照产品特性进行分类，也有的从经济管理角度、标准化角度出发进行分类。如图 5.1 所示：

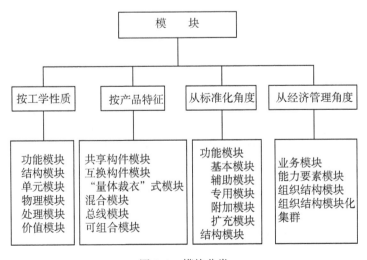

图 5.1　模块分类

（1）分类一，从工学性质出发，把模块按照互换性特征、与工序之间的关系分为以下几类：

①模块根据互换性特征分为功能模块、结构模块和单元模块。功能模块是具有相对独立功能的部件，这些功能部件具备功能互换性特征，它的质量指标和性能参数能够满足通用互换或者兼容的要求；结构模块指具有尺寸互换性的结构部件；单元模块是既具备尺寸互换性又具备功能互换性的部件，是由功能模块和结构模块结合而形成的单元标准化部件。

②根据与工序之间的关系将模块划分为物理模块、处理模块和价值模块。物理模块通过工序联系起来，代表一种分工；处理模块指将多个相关工序集中处理；价值模块是对工序的自由重组与抽象独立联系。

（2）分类二，按照产品或服务的特征，把模块划分为：

①共享构件模块。同一构件用于多个产品，能大大降低成本，提高产品开发速度。

②互换构件模块。运用不同的构件与相同的基本产品进行组合，形成与互换构件一样多的产品。它是共享构件模块的补充。

③"量体裁衣"式模块。指一个或多个构件的预置或实际限制中是连续变化的。

④混合模块。不同构件混合在一起形成了完全不同的产品。

⑤总线模块。本质在于确定一个可以附加大量不同构件的标准结构。允许插入标准结构的模块类型、数量和位置等方面有变化。

⑥可组合模块。提供最大程度的多样化和定制化，允许任何数量的不同构件类型按任何方式进行配置，只要一种构件便可以与其他构件通过标准接口进行连接。它是最稳健、最具柔性的生产安排，但也最难实现。

（3）分类三，从经济学和管理学的角度出发，模块化被应用到了企业的生产组织当中，可以分为业务的模块化、能力要素的模块化、组织结构的模块化和组织结构的模块化集群。

（4）分类四，从标准化的角度，模块可分为：

①功能模块。指使用价值工程中的功能分析方法对模块化产品的功能进行解析，在此分析基础上确立的模块类型。通常包括基本模块、辅助模块、专用模块、附加模块、扩充模块几类。

②结构模块。它是功能模块的载体，既可以具备使用功能也可以不具备使用功能。

5.1.2 模块化内涵分析

模块化是以模块为基础，综合系列化、通用化、组合化的特点以解决复杂系统功能多变、类型多样的一种标准化形式。模块化操作有利于减少复杂性，创造多样性和多变性。

国家电网公司高级工程师童时中先生（2000）在对国内外众多模块化概念分析研究的基础上，从组合化概念出发提出了广义模块化、狭义模块化的概念。本研究对童时中关于模块化的表述进行归纳，得到广义模块化、狭义模块化的内涵和外延，如表 5.1 所示。

表 5.1　　　　　广义模块化、狭义模块化的内涵和外延

分类	内涵	外延
广义模块化	产业模块化； 事物的构成具有清晰的层次性； "构成单元"（模块）的功能具有通用性、典型性	一切由典型的通用单元组成的事物，如企业的组织结构、流水线的构成
狭义模块化	特指产品模块化； 系统具有清晰的多级模块层次结构； 模块具有功能互换性或尺寸互换性	由模块组合成的模块化产品，如模块化的电子设备，模块化机床

广义模块化是以产业模块化的形式营造出来的功能标准，模块内部技术标准并不要求完全一致，只要求各类模块功能兼容。功能标准按照功能聚类对产品进行模块化分解，分解后的模块根据相应的技术标准进

行生产，生产后再按照功能原则将各个模块重新聚合。

基于技术标准的狭义模块化是对同类产品共同特征的提炼，通过规定的接口实现兼容，从而避免不同产品的重复性工作。技术标准化通过统一相关的生产环节，降低了生产环节的差异程度及相关资产的专用型程度。但是基于技术标准的狭义模块化可能会造成产品多样性的匮乏，导致与多样性需求的矛盾。

从标准建设发展的角度出发，本研究认为地理信息标准模块化属于广义模块化，是在集中了现有地理信息标准化的形式和特点的基础上而产生和发展的地理信息标准化高级形式，是对地理信息标准化系统及其组成部分功能的划分和统一。

5.1.2.1 模块化是标准化的高级形式

标准模块化的核心内容是具有特定功能的模块的标准化。模块化是以具有特定功能的通用模块为主体构建产品的标准化形式，是一种独立的标准化形式。通用模块即基本模块，其形成过程、运作方式、技术特性都具有标准化的一般特征。

5.1.2.2 标准化的其他形式是模块化的基础

通用化、简化、统一化、组合化、系列化等标准化过程始终伴随着模块化的整个过程，这些标准化过程为模块化奠定了方法论基础，促进模块化有效发展。因此，可以说模块化是在标准化其他形式的基础上发展起来的。

5.1.2.3 模块化与标准化的其他形式之间存在区别

与标准化的其他形式相比，模块化既继承了其他形式方法，又综合地运用了其他形式的机理并有所发展。主要表现在设立独立标准模块，由独立标准模块承担标准系统的功能。因此标准模块成为"黑箱"，除了模块间的接口和些许技术参数之外其他环节无须过问，有利于对复杂标准系统进行认知和控制，标准系统因此得到了简化。

5.2　地理信息标准模块化操作符

根据鲍德温在《设计规则：模块化的力量》一书中的定义，模块化操作符指可以为模块结构创造出所有可能的研究路径的工具。包括分割（Splitting）、替代（Substituting）、扩展（Augmenting）、排除（Excluding）、归纳（Inverting）、移植（Porting）六类。把这六类操作符应用到地理信息标准化建设中，研究得到地理信息标准模块化操作符，定义如下：

5.2.1　分割操作符

按照构造完整的地理信息标准化系统的整体功能和其子功能来对地理信息标准化系统进行分割，是创建模块的第一步。通过分割形成多个模块，每个模块都是具有自身特点的独立设计，每个独立设计可以按照一定设计规则再次进行分割，此时只需改变该独立设计（模块）的内部设计而不会影响到其他模块。

设计规则：采取价值选择的方式，把模块化系统和原来相互依赖型的系统进行比较。

建立分割操作符价值模型如式（5.1）所示：

$$V_n = S_0 + E(X_1) + E(X_2) + \cdots + E(X_n) \tag{5.1}$$

地理信息标准化系统在设计过程中分割为了 n 个独立的模块，V_n 是模块化设计的期望价值；S_0 是地理信息标准化系统的价值，如果新模块化设计不会改变地理信息标准化系统的价值，那么 S_0 正规化为 0；$E(X_n)$ 是第 n 个模块为整个地理信息标准化系统价值的期望贡献。

式（5.1）表明，地理信息标准化系统中每个模块的价值都可以与为该模块而建立的基准情况相比较。如果模块化设计的价值大于 0，那么说明模块化方法比非模块方法要好。设计价值好于之前的价值，可以采用该模块化设计；否则，就继续使用现有标准化系统。

分割操作符的应用步骤：

①积累、分析关于地理信息标准化系统内要素之间的相互依赖关系；

②认识到创建地理信息标准模块化设计的准确时机；

③制定关于地理信息标准化系统体系结构、界面及测试等设计规则；

④实施设计规则，对地理信息标准标准化系统任务实施分割。

5.2.2 替代操作符

对地理信息标准化系统进行分割后，在设计规则的框架里，用一种模块设计替代另一种模块设计。一方面，替代操作符带来的可选性可以增加模块之间的有效竞争；另一方面，该松散耦合设计会提高分割的价值，促进优胜劣汰。它能保持地理信息标准化系统功能的协调性，又能使分散投资决策成为可能。

替代操作符的价值与模块数量、模块的试验次数有关。试验需要时间、人力、财力成本，因此需要不断地改变策略、协调模块投资。

5.2.3 扩展操作符

在模块系统中，扩展一个系统就是增加一个新的模块，为系统带来一个新的价值源。扩展的新模块与已有模块一样，可以通过反复试验和替代来进行，能够将概念迅速地扩散到其他系统。设计者可以将其专业知识运用在一个特定的模块中，而让系统的其他部分保持不变，也可以通过发现新性能或设计新模块提高模块化创造的价值。

5.2.4 排除操作符

随着地理信息标准化系统的发展，当不需要现存的某个模块时，可以从系统中排除这些模块，进行重新配置。在使用排除操作符创造模块结构时，有以下两类策略可供选择：

（1）策略一（来源于大型可兼容计算机产品组的设计演进路径）：

①用户可以选择从可兼容的大型计算机家族中排除一些模块，同时保留

以后增加这些已排除模块的选择权。②大型可兼容计算机产品族广泛使用分割和替代操作符，对大多数用户而言很有价值，但也有一部分用户可以通过排除大多数模块降低初始成本。

（2）策略二（来源于计算机产品组的设计演进路径）：①设计一个大规模模块结构的有限系统。②不断加入可兼容的模块，对设计进行初始分割。③在初始结构中进行模块排除和系统性扩展。

5.2.5　归纳操作符

归纳并创建新的设计规则，将以前的隐藏信息移动至设计层级。要使归纳成为可能，必须将模块嵌套入模块。在地理信息标准化系统模块化中，可以把一些重复率极高的任务归纳为一个模块并将其标记，开发一套通用解决方法应用于该模块。

5.2.6　移植操作符

为地理信息标准模块化创造一个外壳，将模块移植应用到其他系统中。移植是不可见的，会导致隐模块移至设计层体系的上层。为了使地理信息标准模块化可以移动，需要将移植计划分为受地理信息标准化系统环境影响的部分和不受环境影响的部分。首先将模块分割，使得它可以被移植到其他功能上；然后为独立于系统的部件设计一个表现形式，详细说明设计规则且能确认可移植系统的隐模块；最后设计翻译程序模块，使可移植系统与其他系统兼容。

5.3　地理信息标准模块化设计

5.3.1　总体流程

模块化原理是分解地理信息标准化系统、对复杂系统和问题提出解决方案的重要工具。模块化设计把总体任务划分为不同的模块，模块之间相互独立，内部联系紧密。每个模块完成一定的功能，全部模块实现系统的功能。在上文的分析基础上，按照"设计模块化→生产模块化→组织模块化"三位一体的分析思路，探索地理信息标准模块化设计。

总体流程如图 5.2 所示。

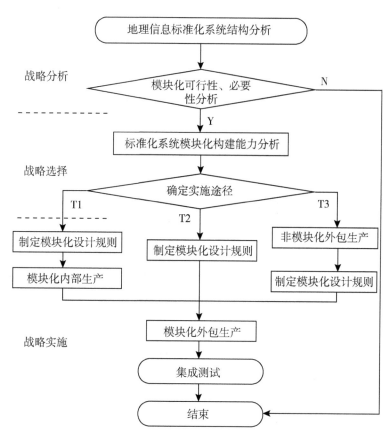

图 5.2　地理信息标准模块化设计路线图

从流程上来说，地理信息标准模块化设计经过了系统结构分析、可行性分析、模块化构建能力分析、确定实施途径，然后按照 T1～T3 三种战略进行模块设计，再进行生产、集成测试。从内容上来说，包括分析战略、战略选择以及战略实施。在设计过程和生产过程中，根据具体要素灵活运用六类地理信息标准模块化操作符。接下来具体研究地理信息标准模块化的设计规则与战略分析、选择与实施。

5.3.2　设计规则

地理信息标准的形成是一个渐进的过程，需要整个相互依赖的系统给予信息反馈。设计规则是模块化生产中所有成员必须遵守的基本原则，是一个信息收集、规则制定、结果生成与反馈的闭环运行体系。

在分析鲍德温、青木昌彦等人制定的设计规则基础上，本研究认为地理信息标准模块化设计规则包括选择机制、联动机制和激励机制，这三种机制又可归类为看得见的设计规则和看不见的设计规则两类。

5.3.2.1　选择、联动及激励机制

（1）选择机制，指选择地理信息标准化系统中的集成协议和测试标准。其中，集成协议是初选环节，明确整个系统如何集成、运转，符合集成协议的模块才可以进入测试阶段；测试标准是最终的决策依据。

（2）联动机制，包括地理信息标准化系统的界面规则和接口标准。界面规则规定连接方式和作用方式；接口标准提高了模块的即插即用性，使模块操作成为可能。

（3）激励机制，包括利益机制和惩罚机制。既考虑事前激励避免利益冲突，又顾及事后补救。

5.3.2.2　看得见的设计规则和看不见的设计规则

1. 看得见的设计规则

起前导作用，由地理信息标准化系统设计师预先规定，会影响标准模块内部下一步的设计决策。该规则自上而下预先设定，是公开的、透明的。只有每个标准模块内部的决策都遵循这个预先确定的设计规则，各标准模块之间才能得到有效协调、发挥积极作用。看得见的设计规则规定了标准化系统中模块之间的安排方法和联系方式，界定了标准系统

隐含的全部相互依赖关系。只有这些相互依赖的联系或关系都得到了遵守和依据，独立开发的模块才可能有效地结合在一起，"形成一个'无缝'运行的完整系统"。

看得见的设计规则包括结构、界面和检验标准三大要素：

（1）结构。确定地理信息标准化系统构成要素、要素的功能、如何发挥作用。结构规则对地理信息标准化系统内部各组成要素之间在空间方面有机联系的方式进行了界定，并规定了各组成要素在时间方面相互作用的顺序。

（2）界面。反映地理信息标准化系统各要素的结合状态。界面需要预先设定，用于解决地理信息标准化系统中互动的各模块间存在的潜在问题或冲突，如反映地理信息标准化系统中模块相互作用的形式，反映模块之间通过何种方式和接口交换信息，反映模块之间的相互位置的匹配和安排等。

（3）检验标准。用以检验某个特定的地理信息标准化系统模块是否符合设计规则，能否在地理信息标准化系统中发挥有效作用；还可用于测定地理信息标准化系统模块的性能，判定哪一个模块在地理信息标准化系统中能够更好运行。检验标准设计规则是检验地理信息标准化系统模块优劣的依据和判定准则。

2. 看不见的设计规则

在地理信息标准化系统模块化设计过程中，除了上文所述的作为"看得见"的信息而由整体组织或系统共享，还有一种则是"隐藏"在各模块或各子系统当中，是隐形设计规则，也称为看不见的设计规则。看不见的设计规则仅限于某个特定模块之内对其他模块的设计没有影响的决策。"这种特定模块内的决策，可以事后再选择也可以被代替，没有必要和该设计队伍之外的成员商量"。"如果我们能够在设计中把大量与子系统（也即模块）有关的信息成功地进行隐藏，就等于我们将系统模块化了。所以，设计模块化的过程就是完备可靠地将一组抽象概念划分为可见信息与隐藏信息的过程。其中，看得见的设计规则是可见信息，留给模块设计者决定的其他参数是隐藏信息"。

5.3.3 战略设计

地理信息标准模块化战略设计按内容的不同可分为引导战略、控制战略、匹配战略设计，按时间顺序可分为战略分析、选择与实施三个环节。

5.3.3.1 引导战略、控制战略、匹配战略的设计

(1)地理信息标准模块化引导战略，包括市场价值引导战略、技术知识引导战略、创新激励引导战略。通过制定引导战略，在管理方面采取引导机制协调市场价值与模块价值，确定地理信息标准化系统结构价值、促进系统整体方向一致；确定创新价值、制定质量标准；促进每个模块均适用于地理信息标准模块化系统。

(2)地理信息标准模块化控制战略，包括设计规则控制战略、制造过程控制战略。对地理信息标准化系进行规则化塑造，采取专业化定位、开展标准化整合，以实现生产过程创新基础上的有序化，既激励知识动态创新，又促进知识静态稳定。对技术标准、功能标准实施质量安全控制战略，将安全参数纳入设计规则并进行系统测试集成。

(3)地理信息标准模块化匹配战略，包括规模定制战略、委托制造战略、委托设计战略。有利于实现地理信息标准规模化生产和满足差异化需求，促进系统完善和深化，有利于保证质量安全和利用外部制造能力，发挥制造平台作用和调动各方面的设计力量，激励模块的创新。

5.3.3.2 战略分析、选择与实施

1. 战略分析

主要是对地理信息标准模块化的驱动力分析，包括战略可行性、必要性、依赖性分析。分析结果如图5.3所示。

将地理信息标准模块化的驱动力分解为拉动力和催化力。其中，拉

图 5.3 地理信息标准模块化驱动力分析

动力是直接影响地理信息标准化系统工程的因素，包括标准系统的多样性需求、标准先行带来的前瞻性需求、科学技术发展要求标准制定所具备的科学性和前沿性、地理信息领域/行业自身发展的需求等因素；催化力是来自于外部的影响，包括高新技术发展、国际竞争日益增强、产业结构发生变化等因素。

2. 战略选择

如图 5.2 所示，有三种战略选择：

（1）制定地理信息标准模块化设计规则后，交由模块化内部生产。地理信息标准化建设管理者既制定标准设计规则又负责生产标准。

（2）制定地理信息标准模块化设计规则后，外包内部生产。地理信息标准化建设管理者制定标准设计规则后，将标准体系的制定工作进行外包。

（3）先将地理信息标准化建设任务外包，进行一般的标准设计，然后根据地理信息标准化建设管理者制定的模块化设计规则将其模块化。

这三种战略可以根据地理信息标准化工作具体建设情况，灵活运用。

3. 战略实施

技术模块研发与生产工作完成后，需要对模块进行集成，以及质量测试。集成测试的工作是一个模块——管理模块内的运行控制模块。体现在地理信息标准模块化建设上，即是地理信息标准化工作系统的管理体制、运行机制要素。

4. 集成与检测

集成与检测也是一个功能模块，对应地理信息标准化工作系统的反

113

馈控制要素。由于存在如设计者知识不完备等设计的不确定性，设计规则可能会存在缺陷，为了明晰这些无法预见的相互依赖关系，并确保最终产品是一个能运行的系统，设计者必须在设计过程的最后阶段进行系统集成与测试。

5.4 构建地理信息标准模块化结构

模块化的优势在于模块的组合和搭配能实现一定条件下的产品价值最大化。从模块化结构的角度，可以划分为生产模块化和组织模块化。

5.4.1 生产模块化

地理信息标准生产模块化从内容方面可分为技术模块和功能模块，按设计人员职能的不同可分为模块规则设计方、产品集成方、专用模块方和通用模块方。图5.4是模块化生产的基本架构图。

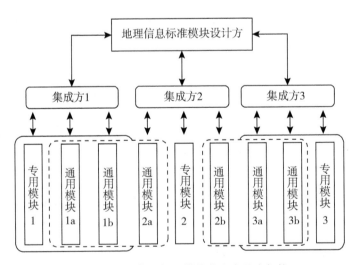

图5.4 地理信息标准模块化生产基本架构

该结构适用于任何级别（国际、国家、地区）的标准系统建设。集成方1、集成方2、集成方3服从同一标准体系设计规则的标准模块设计方。集成方1的供应模块包括专用模块1、通用模块1a、通用模块1b，集成方2的供应模块包括专用模块2、通用模块2a、通用模块2b，集成方3的供应模块包括专用模块3、通用模块3a、通用模块3b。

两个虚线框中，在一起的通用模块1a、通用模块1b、通用模块2a，指集成方2的通用模块2a可以参与集成方1的通用模块竞争，集成方1的通用模块1a、通用模块1b也可以参加集成方2的通用模块竞争。同理，集成方3的通用模块3a、通用模块3b可以参与集成方2的通用模块竞争，集成方2的通用模块2b也可以参加集成方3的通用模块竞争。

每种模块都成为相应功能的载体，那么所有模块的集合便是能够满足全部功能要求的产品。考虑到地理信息标准模块化的六种基本操作符，按照每种模块都是相应功能载体的原则，建立地理信息标准化系统生产模块，既具有相对独立的功能也具备功能互换性。包括以下五类：

1. 基本模块(通用模块)

是地理信息标准系统的基本功能，满足用户最基本、最重要功能要求的模块。如数字高程模型标准、数字正射影像标准、数字地形图标准等，它们能在同类产品的各种类型、派生产品中重复使用。

2. 专用模块

是地理信息标准系统的特殊功能，是为某一用户或某项用途而专门设计的，为满足个性化需求，有时要单独研制。如城市三维模型标准、专题统计数据标准、公开版电子地图标准、公共设施标准、地址编码标准等。

3. 辅助模块

是地理信息标准系统的辅助功能，有时不直接形成产品的功能，仅用于连接基本模块或对基本模块起辅助作用，如 WMS、WFS、WCS 等地理信息标准连接模块。

4. 附加模块

是地理信息标准系统的附加功能或补充辅助功能的模块，如元数据标准、资源目录标准。

5. 扩充模块

用于扩充地理信息标准产品/系统的功能而开发的模块。

5.4.2 组织模块化

青木昌彦在 2001 年日本模块化学术研讨会上指出要把经济产业研究所作为组织模块化的"试验田"。模块化不仅可以应用在生产上，也可以应用在组织机构上，能解决政事、政研不分的问题，最大限度地利用外部资源。

本研究将模块化运用到地理信息标准化系统的组织中，具体表现在标准工作化系统的管理体制模块化，包括组织结构模块、运行维护机制模块等。

1. 组织结构模块及职责划分

结构模块是从组织模块化的横向发展角度来设计。地理信息标准建设管理中心建立各模块(小组)间的沟通协调机制，明确各模块组的职责分工。模块相互协作、共同维护标准的管理运行，以提高各级政府行政管理效率和公共服务水平，满足各级政府履行职能的需要。如图 5.5

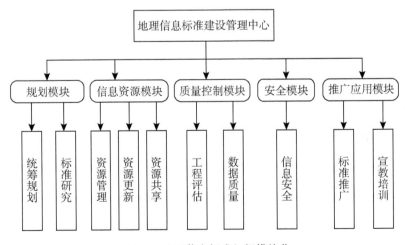

图 5.5　地理信息标准组织模块化

所示，将地理信息标准化系统组织模块划分为规划设计模块、信息资源管理模块、质量控制模块、安全保密模块，以及推广应用模块。在表 5.2 中简要阐述了各模块的职责。

表 5.2　　　　　　　　　地理信息标准组织模块职责一览

组织模块	主要职责
规划模块	制订发展规划、制定总目标与模块目标，地理信息标准体系建设管理
信息资源模块	负责信息资源、数据管理、更新、共享，保证信息现势性、完备性
质量控制模块	工程的评估、验收，地理信息标准质量、数据质量的评定
安全模块	制定保密守则，监督保密工作； 保障信息安全，抵御非法入侵
推广应用模块	推进地理信息标准推广、宣传教育工作

2. 运行维护机制模块及其保障

地理信息标准化运行维护机制模块是从组织模块化的纵向发展角度来设计，主要包括运行机制框架、组织保障计划、经费保障计划、反馈控制机制。具体包括：

（1）从开展全面、深入的地理信息标准应用部门调研，形成调研报告；

（2）通过调研分析地理信息标准应用过程中存在的主要问题和制约因素，制定既明确分工又紧密合作的高效运行机制框架；

（3）形成地理信息标准化工作运行和维护的经费保障计划；

（4）通过地理信息标准应用情况调查，分析质量（主要数据质量）出现问题的原因；建立及时有效的评估反馈机制。

5.5 本章小结

本章首先对模块、模块化的内涵进行了梳理、比较，从广义模块化的角度界定了地理信息标准工作系统模块化，指出模块化是标准化的高级形式、标准化的其他形式是模块化的基础、模块化与标准化的其他形式之间存在区别。

创造模块结构，必须研究其可能的方式或者研究路径。因此本章分析了分割操作符、替代操作符、扩展操作符、排除操作符、归纳操作符、移植操作符六类模块化操作符在地理信息标准化建设中的应用。

在5.3节中，按照"设计模块化→生产模块化→组织模块化"三位一体的分析思路，重点探索了地理信息标准化系统的模块化研究。建立了地理信息标准化系统的模块设计总体流程，分析了选择机制、联动机制及激励机制和看得见、看不见的设计规则，研究了地理信息标准化系统模块的战略方案、集成测试。

在5.4节中，分别对地理信息标准系统生产模块化、地理信息标准化工作系统组织模块化进行研究。在标准化工作系统研究中，研究组织结构、职责划分、运行维护机制、运行维护保障计划。

模块化是地理信息标准化的高级形式，运用模块化理论对地理信息标准化系统进行管理，从广义模块化的角度界定地理信息标准工作系统模块化，分析地理信息标准化系统模块的战略方案，有利于改善地理信息标准化系统内部要素形态、增强地理信息标准化的国际竞争力。

6 模块化视角的空间基础信息平台标准系统管理

本章结合空间基础信息平台标准系统的建设，实证第 2 章至第 5 章中理论体系、模型构建在地理信息标准化系统管理实践中的应用，将从模块化的视角对空间基础信息平台标准化系统工程进行管理研究，包括模块化视角的标准系统(体系)及标准化工作系统管理研究两个部分。

6.1 总体分析

6.1.1 依存主体分析

本章选取"数字深圳"空间基础信息平台为地理信息标准化活动加以有序化的服务目标，空间基础信息平台中的重复性事物和概念也即依存主体。

随着"数字城市"概念的提出和迅速普及，空间基础信息应用不再只面向局部和少数人群，而是成为涉及居民生活、政府管理、商业娱乐等众多方面的大众型网络应用。构筑空间基础信息平台的理念成为一股潮流，越来越多的城市相关部门投入到建设实践中。"数字深圳"空间基础信息平台在 2006 年 4 月申请立项，于 2007 年 2 月正式批复实施，以 3S 等技术为基础，整合深圳市空间基础地理信息，如数字地形图、遥感影像、道路网、公共设施分布等专题地图信息，建立深圳市自然资源与空间地理基础数据库、空间基础数据在线共享、交换和服务体系。

6.1.2 标准系统和标准化工作系统建设管理分析

"数字深圳"空间基础信息平台标准属于空间基础信息平台应用支撑范围，也是其外部保障，也是其先进性、安全性和标准化的基础。其标准体系工程建设，是实现深圳市海量基础地理空间信息规范、科学、高效的更新、管理、发布、应用和服务的关键，有助于规范成果、提升服务层次、拓展部门应用和社会化应用、凝练软科学成果和探索深圳特色的地理空间信息共享模式和管理机制。一方面，要系统研究地理信息技术标准方面的宏观问题，建立健全空间基础数据更新机制、共享标准体系和政策制度体系；另一方面，还要具体研究和制定许多微观的具体标准及其细节，实现数据采集、数据处理、数据建库、数据发布、数据共享等全过程的标准化和制度化。对空间基础信息平台标准化系统的建设及管理包括两部分内容：

（1）标准系统。研究空间基础信息平台提供空间基础信息服务应该遵循的相关政策法规，建立有利于空间基础信息平台建设的政策法规层次体系；建立数字高程模型、遥感影像、城市三维模型等系列空间基础数据标准；建立元数据标准；建立地图服务接口、查询接口等系列空间信息服务接口标准；提炼多种应用模式，建立应用模式标准；提出应用服务系统开发规范以及空间信息共享相关新技术研究。

（2）标准化工作系统。根据空间基础信息平台建设管理的需要，可以将标准化工作系统的研究对象分为空间基础信息平台管理体制、平台数据更新机制和平台数据质量控制体系。从整体上通过分析空间基础信息平台的特点和管理体制，形成相应管理办法，保障空间基础信息平台建成后高效、有序、持续运转。针对平台数据源自多个部门、覆盖多个领域的问题，借鉴国内外科学方法，结合深圳市空间基础信息平台数据的特点，形成适合于该平台数据的更新机制和质量控制方法，保证平台数据的准确性和现势性。

6.1.3 PEST-SWOT 环境战略分析

在界定空间基础信息平台标准化系统的组成部分和各自的内涵后，对标准化系统进行管理的第一步是进行总体环境战略分析。运用 PEST-SWOT 矩阵，见表 6.1 所示，得到空间基础信息平台标准化系统建设的 SO(优势-机会)战略，该战略是对整个标准化系统建设的统领性纲要和指导。

表 6.1　空间基础信息平台标准化建设 PEST-SWOT 分析矩阵

SWOT		政治 P	经济 E	社会文化 S	技术 T
内在因素 SW	优势 S	深圳市政府、信息化领导部门高度重视；《深圳市政务信息资源共享管理暂行办法》深府〔2006〕143号奠定了法规基础	对地理信息标准化建设进行了专门立项	空间基础信息平台前期建设在社会中影响甚好	空间基础信息平台标准化建设队伍科研能力突出
	劣势 W	深圳地理信息标准化涉及多个相关部门，协调起来存在一定难度	地理信息标准化经济投入所占比例与其重要性还不平衡	尚未建立合理高效的地理信息标准化建设工作制度	地理信息数据数量急速增加；地理信息数据整合处理、共享交换等问题日益突出；地理信息标准化建设难度加大
外部条件 OT	机遇 O	国内外地理信息标准化建设重要性日益明显；已成为衡量地理信息行业科技发展水平的重要标志	深圳市经济实力较好	深圳市具备一定的学术交流、理论总结、人才培养、宣传教育基础	深圳整体科研实力较强；已有一定数量和质量的信息标准及地理信息相关标准
	威胁 T	目前我国标准化工作与国际主流国家相比还较滞后	标准化建设投入力度尚待加强、范围还需扩大	地理信息标准化社会公众知晓度、参与度还不高	前沿、新生标准化研究方法带来许多威胁与挑战

从表6.1可知,空间基础信息平台标准化系统建设采取SO战略。在地理信息标准化系统建设越来越迫切、越来越重要的大好外部机遇下,在充分利用深圳市现有相关政策制度的基础上,设立空间基础信息平台标准建设专项项目,给予经济保障、法律保障,研究新兴理论、综合运用系统工程学及其他科学技术如模块化、计算机支持协同、工作流模型等在空间基础信息平台标准化管理中的应用,增加空间基础信息的理解、访问、应用、集成和共享,提高空间基础信息平台地理信息和相关软硬件使用的有效性和经济性,提高社会的参与度和空间基础信息平台标准的服务应用能力。

6.1.4 建设目标分析

空间基础信息平台建设的总目标是:以3S(遥感RS、地理信息系统GIS、全球定位系统GPS)技术为基础,整合深圳市自然资源与空间地理基础信息及关联的各类经济社会信息,建立多尺度、多分辨率且更新及时的空间基础数据库,构建空间信息交换和共享在线服务体系,提高信息资源的共享能力,满足城市规划、建设和管理对空间基础信息日益增长的迫切需求,加快"数字深圳"建设。具体包括以下几个方面:

(1)完善、整合空间基础数据框架体系,建设多尺度、多时相、多分辨率的空间基础数据体系,大幅提高空间基础数据多层次服务能力;

(2)构建开放式空间基础信息平台,实现传统空间基础信息共享方式的根本改变,满足政府部门、企业、社区和公众在线应用需求,大幅提高基础地理数据的共享能力;

(3)建立健全空间基础数据更新机制、共享标准体系和政策制度体系。实现数据采集、处理、建库、发布、共享等全过程的标准化和制度化,基本建立空间基础信息共享的长效机制;

(4)通过空间基础信息平台的建设,促进深圳市"数字行业"和"数据社区"的开展,促进"数字深圳"建设思路和建设模式的具体化,为"数字深圳"提供示范试点。

建设目标实现的三种策略：

（1）交换：实现政府部门间横向数据交换，为空间基础信息平台拓展更多共享数据源；

（2）在线共享：实现空间数据的在线共享、服务；

（3）深度整合：实现空间数据和部门专题数据的深度整合，即真正意义上的在线资源共享，通过空间统计、空间数据挖掘等先进技术手段为政府决策提供信息、技术支持。

6.2　模块化视角的标准系统管理

根据第 3 章对地理信息标准系统（体系）的管理研究，第 5 章对模块化结构，尤其是生产模块化的研究，从模块化视角构建空间基础信息平台标准体系如图 6.1 所示。

空间基础信息平台标准体系从应用模式上可分为框架类、数据资源类、服务接口类、管理类、研究类、专项应用类六类，这六类应用模式从模块化的角度可归纳为五大标准模块：

（1）基础模块，能在同类产品中派生使用。空间基础信息平台标准体系基础模块包括 DEM、DLG、DOM，基础地理数据库核心要素等。

（2）专用模块，为空间基础信息平台特有功能而设计。空间基础信息平台标准体系专用模块包括数字地下综合管线、公开版电子地图、公共设施、地址编码、建筑物编码、城市三维模型、专题统计数据等。

（3）辅助模块。主要用于连接基本模块，对基本模块起辅助作用。空间基础信息平台标准体系辅助模块包括空间基础信息平台的所有服务接口内标准，如空间分析服务、三维服务接口、面向过程的客户端接口、面向对象的客户端接口等。

（4）附加模块。包括资源目录、元数据等附加于空间基础信息平台标准的模块。

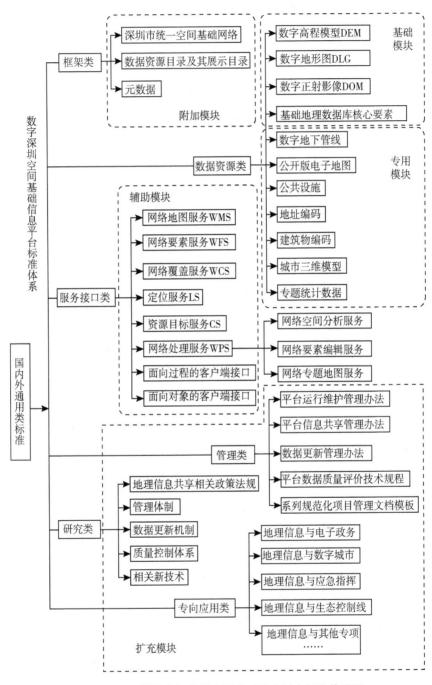

图 6.1　基于模块化视角的空间基础信息平台标准体系图

（5）扩充模块。空间基础信息平台标准体系扩充模块包括平台管理类、专项应用类、研究类用于扩充标准产品/系统的功能而开发的模块。

6.2.1 基础模块建设

6.2.1.1 数字地形图数据标准

该标准介绍数字地形图产品的分类和内容，地形图的数学基础；概述地形图数据生产的方法；描述地形图数据建库的流程，以及数据库数据更新的方式；此外还介绍地形图的应用模型。它适用于空间基础信息平台中城市基础地理数据的获取、加工、建库、更新和维护等工作。

该标准对空间基础信息平台已有数据进行全面、深入的总结和分析，提炼形成文档，为系统使用者提供清晰明了的说明文档及应用实践。

其中术语包括：

地形图（Topographic Map），是表示地表上的地物、地貌平面位置及基本的地理要素且高程用等高线表示的一种普通地图。

数字地形图（Digital Topographic Map），根据地形图制图表示的要求，将地形图要素进行计算机处理后，以矢量或栅格数据方式组织、存储并可以图形方式输出的包含元数据和数据体的数字产品。

数字栅格地图（Digital Raster Graphic，DRG），是纸质地形图的数字化产品。每幅图经扫描、纠正、图像处理及数据压缩处理后，形成在内容、几何精度和色彩上与地形图保持一致的栅格文件。

数字线划地图（Digital Line Graphic，DLG），是现有地形图上基础地理要素的矢量数据集，且保存要素间空间关系和相关的属性信息。

独立坐标系(Independent Coordinate System)，是任意选定原点和坐标轴的直角坐标系。

地图投影(Map projection)，是按照一定数学法则，把参考椭球上的点、线投影到平面上的方法。

地图比例尺(Map Scale)，是地图上某一线段的长度与地方上相应线段水平距离之比。

等高距(contour interval)，是地图上相邻等高距的高差。

地图分幅(sheet line system)，是按一定规格将广大地区的地图划分成一定尺寸的若干单幅地图。

质量元素（Quality Element），是产品满足用户要求和使用目的的基本特性。这种特性可归纳为数字测绘产品的数据格式、数学精度、属性精度、逻辑一致性、要素的完备性、现势性以及图形、图像质量、整饰质量、附件质量等质量元素。这些元素能予以描述或度量，以便确定对于用户要求和使用目的是合格还是不合格。

6.2.1.2 数字正射影像数据标准

该标准概述数字正射影像数据(DOM 数据)的数学基础、数据内容、数据格式，并介绍 DOM 数据的生产技术规程和产品方面的规定；描述 DOM 数据的建库流程，以及 Web 发布相关技术的介绍；此外还介绍 DOM 数据的应用模型。它适用于空间基础信息平台建设中 DOM 数据的制作、生产、建库及发布使用。

该标准对空间基础信息平台 DOM 数据进行系统、深入的总结和分析，使用户对空间基础信息平台 DOM 数据有清晰认识，在获得高质量 DOM 数据的同时，也获得与 DOM 数据相一致的高质量详细说明文档。

6.2.1.3 数字高程模型数据标准

该标准概述数字高程模型数据(DEM 数据)的数学基础、数据内容、数据格式、数据交换，并介绍 DEM 数据的生产技术规程和产品方面的规定；描述了 DEM 数据的建库流程，以及 DEM 在水文分析、地形提取等方面的应用。它适用于空间基础信息平台中 DEM 数据的获取、加工、建库以及应用等。

该标准对空间基础信息平台 DEM 数据进行全面、深入的总结，使用户对空间基础信息平台 DEM 数据有深入了解，在获得高质量 DEM 数据的同时，也获得与 DEM 数据相一致的高质量详细说明文档。

其中术语包括：

遥感（Remote Sense，RS），不接触物体本身，用遥感器收集目标物的电磁波信息，经处理、分析后，识别目标物、揭示目标物几何形状大小、相互关系及其变化规律的科学技术。

数字正射影像图（Digital Orthophoto Map，DOM），是利用数字高程模型对扫描数字化的（或直接以数字方式获取的）航空像片（或航天影像），经数字微分纠正、数字镶嵌，再根据图幅范围剪切生成的影像数据集，是我国基础地理信息数字产品的重要组成部分之一。

无损压缩（或无失真压缩编码，Lossless Compression），是指压缩过程中数据信息没有丢失，解码后的数据与原数据完全相同。常用的无损编码方法有霍夫曼（Huffman）编码、LZW 编码、游程编码等。

重采样（Resample），影像灰度数据在几何变换后，重新内插像元灰度的过程。常用的有最邻近点法、双线性内插法和双三次卷积法。

金字塔结构（Pyramid Structure），是指把影像数据按不同的分辨率组织在一起，最底层的数据代表最高分辨率下的数据，它通常是原始的影像数据，再由它根据一定的规则，逐步生成其他更低分辨率的影像。

遥感影像地图（Remote Sensing Image Map，RSIM），是以遥感影像为基础内容的一种地图形式。它是根据一定的数学规则，按照一定的比例尺，将地图专题信息和地理基础信息以符号、注记等形式综合缩编到以地球表面影像为背景信息的平台上，并反映各种资源环境和社会经济现象的地理分布与相互联系的地图。

6.2.1.4 基础地理空间数据库核心要素标准

基础地理空间数据库核心要素指水系、道路网络、居民地、行政区划数据。该标准规定空间基础信息平台中这些核心数据的分类编码、数据库设计、质量评价等相关方面的内容。该标准适用于空间基础信息平台中水系、道路网络、居民地和行政区划数据的生产、建库、更新和维护。

该标准对空间基础信息平台基础地理空间数据库核心要素数据进行

全面、深入的总结，使用户对空间基础信息平台该类数据有清晰认识，在获得高质量数据的同时，也获得与基础地理空间数据库核心要素数据相一致的高质量详细说明文档。

其中术语包括：

要素(feature)，现实世界现象的抽象。

要素属性(feature attribute)，要素的质量和数量特征。一个要素属性可能以一种类型或一个实例出现。当只有一个含义时，要么使用要素属性类型，要么使用要素属性实例。一个要素属性应当有名称、数据类型和与之相关的值域。要素实例的要素属性应当有一个从值域获得的属性值。

水系(hydrographic net)，由两条以上大小不等的支流以不同形式汇入主流，构成一个河道体系，称为水系或河系。

道路(road)，道路包括道路元素和路段。

路段(road section)，相邻两个道路交叉口之间的部分。

路口(road intersection)，两条或两条以上城市道路的相交点。

居民地(residential area)，居民聚居的地方。

行政区划(administrative divisions)，行政区划是国家为了实现自己的职能，便于进行管理，在中央的统一领导下，将全国分级划分成若干区域，并相应建立各级行政机关，分层管理的区域结构。

社区(community)，指聚居在一定地域范围内的人们所组成的社会生活共同体。目前城市社区的范围，一般是经过社区体制改革后作出了规模调整的居民委员会或社区工作站辖区。它至少包括以下特征：地域要素(区域)、经济要素(物质生活)、社会要素(社会交往)以及社会心理要素(共同纽带中的认同意识和相同价值观念)等。

6.2.2 专用模块建设

6.2.2.1 公共设施数据标准

该标准详细说明公共设施数据相关的术语和定义以及设计原则，在数据库维护管理方面，详细制定数据库管理公共设施信息的设计原则和数据库表、字段的详细命名规则。

　　该标准指导空间基础信息平台中公共设施数据库工程建设，统一公共设施数据库和相关应用服务系统中数据的分类与数据项的设置，适用于空间基础信息平台中公共设施数据库和相关应用服务系统对公共设施专题信息的处理与交换。

表6.2　　　　　　　　　公共设施数据分类（部分示例）

大类	00	中类	00		小类	00
基础地名	01	山	01		山峰	01
					山脉、丘陵	02
					其他	99
		水域	02		河流	01
					湖泊	02
					水库	03
					岛屿	04
					其他	99
		公园绿地	03		综合公园	01
					社区公园	02
					专类公园	03
					带状公园	04
					其他	99
		片区	04		工业区	01
					开发区	02
					贸易区	03
					口岸	04
					矿区	05
					农、林、牧、渔区	06
					军事区	07
					自然保护区	08
					其他	99
		居民区	05		城镇居民点	01
					农村居民点	02
					工矿点	03
					农、林、牧场	04
					其他	99

大类	00	中类	00		小类	00
科技教育	03	大学	01		综合型大学	01
					职业学院	02
					其他	99
		中学	02			
		小学	03			
		九年一贯制学校	04			
		幼儿园、托儿所	05			
		特殊教育	06			
		职业学校	07			
		党团校	08			
		培训中心	09			
		研究基地	10			
		协会、学会	11			
		其他	99			
文化体育	05	报刊、杂志社	01			
		广播、电视台	02			
		购书中心	03			
		博物馆	04			
		图书馆	05			
		纪念馆	06			
		展览馆	07			
		影剧院	08			
		美术馆	09			
		科技馆	10			
		档案馆	11			
		音乐厅	12			
		体育场馆	13			
		健身中心	14			
		文化活动中心	15			
		休闲中心	16			
		娱乐中心	17			
		游乐园	18			
		宗教设施	19			
		其他	99			

6.2.2.2 公开版电子地图标准

该标准界定公开版电子地图的内涵、构成及作用，规定基本表达内容、表示方法、数据编码、符号体系标准、配色标准、专题及统计图标准和质量评定，使其达到公开出版、传播、发布和使用的要求。

该标准指导空间基础信息平台中公开版电子地图数据库工程建设，适用于空间基础信息平台中公开版电子地图的制作发布。

表 6.3　　　　　　　　　　　公开版电子地图质量评定

评定项	一级质量元素	二级质量元素
数据质量	数学精度	数学基础精度
		平面与综合精度
		高程精度
		接边精度
	属性精度	要素分类与代码的正确性
		要素属性值的正确性
		属性项类型的完备性
		数据分层的正确性及完整性
	逻辑一致性	拓扑关系的正确性
		多边形闭合
		节点匹配
	要素的完备性及现势性	要素的完备性
		要素采集或更新时间
	附件质量	文档资料的正确、完整性
		元数据文件的正确、完整性
可视化质量	地图符号	符号的正确性
	地图色彩	色彩的正确性

6.2.2.3 地下综合管线数据标准

该标准中涉及的管线类型包括给水、污水、雨水、燃气、工业管道、电力及电信等七大类。该标准介绍地下综合管线数据的内容、数学基础及地下综合管线数据的生产；描述地下综合管线数据的建库方式和流程；此外还介绍地下综合管线数据的更新和应用模型。它适用于空间基础信息平台中地下综合管线数据的获取、加工、建库、更新和维护等工作。

其中重要术语有：

地下管线探测（underground pipeline detecting and surveying），是确定地下管线属性、空间位置的全过程。

地下管线普查（general survey of underground pipeline），是按城市规划建设管理要求，采取经济合理的方法查明城市建成区或城市规划发展区内的地下管线现状，获取准确的管线有关数据，编绘管线图、建立数据库和信息管理系统，实施管线信息资料计算机动态管理的过程。

管线点（surveying point of underground pipeline），是地下管线探查过程中，为准确描述地下管线的走向特征和附属设施信息，在地下管线探查或调查工作中设立的测点。

拓扑结构（topological structure），是在地下管线信息系统中，对管线和管线点等目标体之间空间连接关系的描述即拓扑关系；目标体之间的拓扑关系总称为拓扑结构。

该标准对空间基础信息平台地下综合管线数据进行总结与分析，为系统使用者提供清晰明了的说明文档及应用实践。

6.2.2.4 城市三维建筑物模型数据标准

该标准介绍城市三维建筑模型的定义、数据类型，并规定城市三维建筑模型数据应包含的内容以及如何进行表达；分析数据格式和数据入库流程；规定模型数据归档要求并介绍其存储管理方案；此外还介绍城市三维建筑模型数据的应用。它适用于空间基础信息平台中城市三维建筑模型数据的获取、加工、生产、模型建库、更新以及对三维建筑模型系统的建设、管理、维护及数据分发服务等工作。

该标准对空间基础信息平台三维建筑物模型数据进行了系统、全面的分析，提炼形成文档，方便空间基础信息平台使用者更好、更全面地了解城市三维建筑模型数据。

城市建筑物三维模型是对城市景观的三维表达，空间基础信息平台中基于 Web 环境下展示，实现在线共享。它需要真三维的空间数据(包括平面位置、高程或高度数据)和真实影像数据(包括建筑物顶部和侧面纹理)。它由几何数据、纹理(材质)数据和属性数据组成。

三维模型采用分级建模方式，模型文件包括精细模型、简单模型和概略模型三个等级，不同等级的建筑物模型分别控制，实现了效率与成本的有效统一。

1. 精细模型

1)内容

对于城市主干道两侧建筑物、重要的标志性建筑和公共设施、高标准成片开发住宅区、工业园区等，采取精细建模的方法，保证模型的精细度、真实度和美观度。

2)指标

精细模型应具有较高精细度，最大限度地接近真实，具有丰富的细节，能够表现建筑的特点，要求贴仿真纹理。精细模型要求模型结构准确，特有结构不能省略，细节表达准确，当建筑物表面凹凸的尺寸大于0.5 米时，在模型中就应表示，三角形面数多数在 1500 以内。

2. 简单模型

1)内容

对于城市次干道两侧建筑物、一般公共设施、完善的成片开发住宅区、工业园区等，采取简单建模的方法，在保证模型的真实程度上提高模型的美观程度。

2）指标

简单模型应具有普通精细度，模型比较接近真实，具有最典型的特征细节，如屋顶形式、女儿墙、裙楼等，能够通过典型特征辨认出是真实的哪一栋建筑；简单模型纹理应基本真实。简单模型要求模型结构基本正确，表现出基本形状，能够通过该特征明显辨认，三角形面数多数在 500 以内。

3. 概略模型

1）内容

对于城中村及无建筑特色的成片厂房等，采用成片的概略模型拔起的建模方法，保证建模区域的整体风貌即可。

2）指标

概略模型要求模型结构相似，可从地形图上直接提取相关属性建模，勾勒轮廓线，基本忽略细节，贴仿真纹理，即该类型建筑的通用纹理，不追求与真实情况完全一致，三角形面数多数在 150 以内。概略模型像素大小要求为 64×64。

6.2.3 辅助模块建设

6.2.3.1 基本框架（OWS）

本标准中阐明了 Open GIS 的框架，并规定了实现的各类 GIS 服务，包括 CS、WMS、WFS、WCS、WCTS、WPS 等。在标准中对每个服务中所用到的接口（包括必须实现的和选择实现的）以及各接口所需要的参数（包括必选的和可选的）做很详细的说明。

6.2.3.2 三维服务接口（W3DS）

该标准内容是对第一部分基本框架的补充，它涵盖网络三维服务的主要部分，针对性强且内容充实，既有专门针对网络地形的 WTS，又有涵盖面更广的针对整个三维城市场景的 W3DS 服务，方便用户快速了解平台的网络三维服务的架构及应用方法。

6.2.3.3 空间分析服务(WSA)

本标准是对第一部分基本框架中提出的 WPS 的一个实例化,它针对空间基础信息平台中的空间分析服务的基本内容、该服务的空间分析操作类型及请求响应模式进行规范,主要内容包括术语和定义、概述、Get Capabilities 接口、Describe Spatial Analysis Type 接口、Spatial Analysis 接口。它适用于在空间基础信息平台所提供的空间分析服务接口基础上搭建具有基本功能操作应用系统的开发。

6.2.3.4 基于服务器的要素编辑(WFE)

本标准是对第一部分基本框架中提出的 WPS 的一个实例化,它针对空间基础信息平台中的要素编辑服务的基本内容、该服务的要素编辑类型及请求响应模式进行规范,主要内容包括术语和定义、概述、Get Capabilities 接口、Describe Feature Edit Type 接口、Feature Edit 接口。它适用于在空间基础信息平台所提供的基于服务器的要素编辑服务接口基础上搭建具有基本要素编辑操作应用系统的开发。

6.2.3.5 专题地图制图(WTM)

本标准是对第一部分基本框架中提出的 WPS 的一个实例化,它针对空间基础信息平台中专题统计地图制图服务的基本内容、该服务的专题制图类型及请求响应模式进行规范,主要内容包括术语和定义、Get Capabilities 接口、Describe Thematic Statistics Type 接口、Thematic Statistics 接口。它适用于在空间基础信息平台所提供的基于服务器的专题地图制图服务接口的基础上,搭建具有基本专题地图制图操作应用系统的开发。

6.2.3.6 面向过程的客户端功能操作(POFO)

本标准是对使用这些服务不同方式的客户端的描述,它针对空间基础信息平台实现客户端应用的基本过程功能操作进行规范，主要内容包括术语和定义、缩略语、概述、图形操作、查询操作、量算操作、数据下载操作、制图输出。它适用于基于空间基础信息平台所提供的服务，搭建具有数据查询和交互及输出等基本功能的客户端应用系统的开发。

6.2.3.7　面向对象的客户端功能操作（OOFO）

本标准是对使用这些服务不同方式的客户端的描述，它针对空间基础信息平台提供的空间信息服务，制定了关于这些服务返回的数据（包括图片和描述要素的文档），在客户端（主要针对浏览器）如何组织表现这些数据，并对数据进行操作的标准。本标准对 B/S 模式的 Web GIS 客户端 API 的封装，快速搭建具有数据浏览和交互等基本功能的地图应用系统的开发具有指导作用。

6.2.3.8　基础地理空间信息服务目录

本标准从用户的角度，对各类基础服务进行封装，使其成为面向客户应用的各类应用服务。内容涵盖了空间信息服务的主要大类，每个大类根据空间基础信息平台的具体服务接口和数据资源目录细分为面向用户的各类数据和功能服务，方便用户快速了解空间基础信息平台的服务，也为空间基础信息平台各种空间信息服务的实现提供了指导作用。

6.2.4　扩充模块建设

在标准体系工程建设中，不仅制定了一系列的数据标准和空间信息服务接口标准，而且针对空间基础信息平台独特的管理体制、数据更新机制、质量控制体系、法律法规等进行了研究分析，形成一系列符合空间基础信息平台实际的研究成果，用于规范空间基础信息平台的运行和维护，确保空间基础信息平台高效持久的发展。

6.2.4.1　基础地理数据发布相关政策法规研究

本研究对我国目前的测绘政策法规体系做了梳理汇总和分析总结，

并结合空间基础信息平台的建设，研究空间基础信息平台提供空间基础信息服务应该遵循的相关政策法规，从国家级到地方级、从行业级到部门级、由浅入深、系统探索，建立有利于空间基础信息平台建设的政策法规层次体系，为其正常运行提供保障。当前地理数据发布的相关政策法规体系详见附录 B。

6.2.4.2 遥感监测数据库设计规范

本规范指导生态控制线遥感监测系统工程建设，它规定生态控制线建设动态遥感监测系统资料收集、信息提取、建库方案、质量控制及更新维护等相关方面的内容，使用户全面了解生态控制线的内容、意义。

基本生态控制线范围建设动态监测和城市规划建设动态遥感监测是以分析不同时段的卫星遥感数据影像为基础，利用计算机技术寻找影像中地块产生变化的地方。通过核对各类建设项目规划审批数据及其他专题数据，寻找出非法用地，从而加强基本生态控制线范围的保护并建立一套动态监测的系统。

基本生态控制线违法建设遥感动态监测整合 3S(遥感 RS、地理信息系统 GIS 和全球定位系统 GPS)等多种技术，从信息获取、影像处理到多种地理信息数据空间分析，再到卫星导航实地调查后将提取出的监测信息，利用计算机网络技术实现多个职能部门之间的信息共享应用，从而形成多方协同，集"监测—核实—查处—监督"于一体的管理工作体系。

在工作程序方面，主要有六大环节：一是遥感影像获取与处理、变化信息提取，二是依据行政审批信息对提取图斑进行初步过滤，然后进行外业核实，三是各职能部门进行违法建设行为的综合判定，四是进行查违部门和城市管理部门对违法建设行为进行查处，五是对监测查违工作的绩效评价，六是监测部门全过程的督办。

实施过程为：获取新的监测影像后，首先进行影像处理，然后对不同时期的影像进行变化分析及判读后提取出变化图斑，并针对变化图斑开展外业实地勘察，对现场建设行为取证及核实，结合规划审批信息多方核实后，进行建设行为判别，从而判定涉嫌违法建设行为。然后将该信息上报市政府并提交执法部门进行查处。为监督违法建设行为的查处情况，在开展下一次监测时，同步对上一次的违法建设行为查处情况进行跟踪评价，从而保证监测工作的有效性。

其中，影像处理步骤为遥感影像获取后的第一步工作，影像处理的质量直接影响到图斑解译、绘制的准确度，影像处理所需时间决定了后续工作开展时间。它包括了影像融合、正射纠正、镶嵌和调色等主要工作，技术细节可参考《遥感影像制作流程》。

1. 影像融合

先对全色和多光谱数据进行配准，使影像的相对坐标一致，然后选取融合方法，对全色和多光谱进行融合，以全色为数据基准，叠加多光谱色彩信息，增加影像的信息，要做到融合后影像没有重影、没有色彩溢出等现象。得出两种融合影像成果，一种是真彩色影像，一种是伪彩色影像。

由于融合过程计算机处理时间较长，若效果不理想可能要运算多次。

2. 正射纠正

运用 ERDAS 软件自身所带的 SPOT 专用模型对影像进行正射纠正，以带正确坐标的基础数据为基准，添加 DEM 数据把握影像的整体精度。纠正后的坐标是 54 坐标系，通过具体的转换参数把影像转换到深圳独立坐标系上。

由于正射处理的效果受影像本身质量影响较大，源数据信息齐全、倾斜角度小、无云的情况下效果最佳，可取得良好效果。若数据不佳可能要处理多次才能得到较好的效果。

3. 调色等其他图像处理

如果影像质量不是很好，就需要做些预处理，包括亮度、饱和度、纹理等调整。影像经过融合纠正后有些色彩模糊需要进行调色，还有两景影像间的色彩有时候相差会很大，这就需要进行整体调整，使两景影像的色彩协调平衡，使拼接后整体的影像色彩反差小。

图像的调整同样受影像本身质量的影响。主要的工作量集中在东、西部影像镶嵌前的调色上。依据内业人员的经验，先对影像进行整体亮度、对比度调整。如果色调差异仍然较大，则对特定区域进行专项调整，比如山体、海洋和水域等。

4. 镶嵌

对影像进行拼接，使整个深圳的影像成为一个整体。拼接前对影像进行整体调色，勾画出合理的拼接线，要保证各景影像的拼接精度在一定的范围之内，使各景影像间纹理衔接完好。拼接线的选择最好集中在东西差异最小的地方，内业经验的做法是选择变化差异小的山脊、河道等由地形自然形成的线状地物。当跨越建成区时，拼接线也可选择较宽阔的公路。

6.2.4.3 管理体制框架研究总报告

对空间基础信息平台管理体制的研究是为了制定一套完备的、先进的、具有深圳特色和切实可行的管理办法，用于规范平台的管理工作，保证平台能够高效、有序地运行，发挥其最大作用。空间基础信息平台管理体制研究总报告包括组织机构、职责划分、运行维护机制等方面的研究。空间基础信息平台管理体制以"政府主导、集中管理、统一协调、在线共享"为原则，以组织结构的设置、各机构职权的分配以及各机构间的相互协调为核心，具体体现在空间基础信息平台运行中各个环节的有机配合以达到协调、灵活、高效运转的运行维护机制。

6.2.4.4 空间基础信息平台管理办法

空间基础信息平台管理办法是在空间基础信息平台管理体制研究的基础上，明确平台的运行维护组织框架，从平台的建设、使用、运行维护和安全保密各方面管理进行了规定，保证平台安全高效地运行。该办法包括总则、空间基础信息平台建设管理、使用管理、运行维护管理、安全保密管理、附则以及相关附录等。

6.2.4.5 数据更新操作规程

空间基础信息平台数据更新操作规程涵盖平台地理空间数据库中的所有数据。它包括数据更新的内容、技术、流程及相关规定。它规定了空间基础信息平台各类数据在更新过程中应遵循的方式、技术要求及流程步骤，保证了数据更新操作的规范和更新数据的质量。

数据更新和维护系统中，更新并提供的数据类型包括建筑物专题数据、道路专题数据、电子地图专题要素、公共设施要素。更新操作流程下所示：

(1)通过多种数据来源，如影像、基础地形图、规划报建验收资料等，将最新的建筑物专题数据、道路专题数据、电子地图专题要素、公共设施要素导入数据更新维护系统；使用便携式 PDA 进行外业数据采集，将最新的建筑物专题、道路专题属性数据进行采集后导入数据更新维护系统。与现势库中的现状数据进行叠加分析。

(2)通过勾绘、拾取等方式获得这些数据的变化信息，对其进行提取。

(3)对提取出的现状数据和变化信息进行拓扑检查、几何检查、属性检查。①几何位置检查：检查数据中要素的(x, y)坐标是否正确等。②属性检查：检查数据必填属性字段是否完整、正确等。③几何与属性匹配检查：根据数据几何信息、属性信息之间的逻辑关系，对数据的几何信息与属性信息进行检查，包括几何信息与属性信息是否对应、是否有几何信息无属性信息、是否有属性信息无几何信息等。④拓扑检查：检查数据结点是否匹配、多边形是否闭合等。

(4)将检查合格后的数据导入生产库，使用版本发布工具进行版本控制、备份。

(5)通过数据发布工具，生成 ∗.mxd、∗.shp + ∗.txt、∗.dmp、∗.mdb 格式的版本数据。其中，∗.mxd 格式的数据主要提供给公众服务系统、在线动态地图集系统；＊.shp＋＊.txt 格式的数据主要提供给二维地理信息系统、三维地理信息系统、地址匹配系统；＊.dmp 格式的数据主要提供给公众服务系统；＊.mdb 格式的数据，根据用户自定义的专题图层、区域范围等进行输出。

数据更新和维护系统数据更新操作流程图如图 6.2 所示。

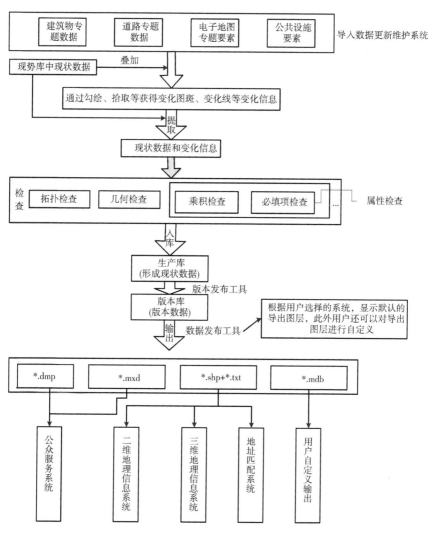

图 6.2　数据更新和维护系统数据更新操作流程

以土地督察数据更新为例：

1. 更新框架的建立

根据我国土地督察工作性质和业务特点建立土地督察数据更新框架，即确定需更新的土地督察要素，内容如表 6.4 所示。包括基础地理信息数据、土地利用信息数据、督查专题数据三类数据。

表 6.4 　　　　　　　　土地督察数据更新框架体系

大类	中类	小类	更新内容
土地督察数据 S	基础地理信息数据 S1	遥感影像数据 S11	数字正射影像数据、变化图斑空间数据及矢量数据
		行政境界、道路、河流、地名数据 S12	行政境界、道路、河流、地名空间数据及矢量数据
		三维地形数据 S13	数字正射影像图数据、数字高程模型数据、三维建(构)筑模型数据
	土地利用信息数据 S2	土地利用现状数据 S21	土地利用变更调查数据
		土地利用总体规划数据 S22	县、乡(镇)两级土地利用总体规划数据，规划调整方案、文档和规划调整前后的数据
		基本农田数据 S23	省级下达的基本农田保有量、耕地保有量、建设用地指标等数据
		土地法律法规数据 S24	我国有关土地管理的法律法规条文
	督察专题数据 S3	综合监管平台业务管理数据 S31	自然资源部综合监管平台的业务管理数据
		人民政府报国务院审批的项目数据 S32	建设项目用地审批数据、勘测定界数据、工业园区四至范围数据、新增建设用地数据、项目动工数据、耕地补充、基本农田补划和土地整理复垦开发等数据
		媒体数据 S33	网络、报纸、黄页等媒体数据
		群众举报数据 S34	群众信访、举报数据

2. 更新机制的构建

建立土地督察数据更新机制，需要确定土地督查数据更新的责任机构、更新要点、更新方式及其内部关系。考虑到各类土地督察数据的特性、结合督查工作要保证事前、事中、事后全过程督察的实际需求，经研究构建更新机制如下：

1）更新责任机构

如表6.4所示，土地督察数据中三类数据在业务和管理方面具备一定的独立性，因此它们的更新责任机构各有不同，应为各类数据的业务归口部门：城市基础地理数据更新机构为测绘主管部门；土地利用信息数据更新机构为国土部门；督查专题数据更新机构建议为总督察局及派驻地方的各督察局，设专员定期获取综合监管平台业务管理数据、整理人民政府报国务院审批的项目数据、搜集媒体群众举报数据。

2）更新周期和方式

更新周期：基础数据地理信息数据、土地利用信息数据按照国家、行业标准和规定定期更新；督查专题数据实时更新。

更新方式：基础数据地理信息数据、土地利用信息数据定期更新入库；各地督察业务统计台账、统计报表等数据随时入库；信访举报及媒体信息等数据及时更新入库。

3）质量检查

质量检查方式：基础数据地理信息数据和土地利用信息数据的更新质量检查机制一致，应通过观测、统计分析和逻辑分析等进行错误检查与质量控制，以保证数据质量；督查专题数据主要借助系统数据管理和空间分析功能，结合人工现场核实手段，对媒体信息、群众举报数据进行筛选、判别和分析，确定举报信息的有效性，核查违法违规用地的情况。

质量检查机构：数据更新提供单位利用计算机自动、人机交互、现场核对等方式对更新的数据进行自检；各派驻地方的土地督察局接收到更新数据，对其进行规范性和合法性检查，反馈检查结果，出具检意见。

4）数据更新入库

为确保各不同时段数据的完整性、安全性，应对土地督查数据建立历史回溯机制，将检查合格的变更后数据上传至数据更新历史库，必要时更新至土地督察数据现势库，同时进行版本控制。上传入库时，注意将新的变化信息与更新历史库中未变化的信息进行融合。原始数据可能会有新增、消失、改变等变化类型，要进行相应的新增、删除、匹配并替换等处理。被删除、替换的信息需要予以保存，以便历史数据的恢复、查询与分析。

数据更新入库机制如图6.3所示：

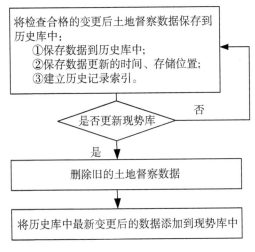

图 6.3 土地督察数据更新入库机制

3. 更新流程及关键技术

1）土地督察数据更新流程

经研究分析，建立土地督察数据更新流程如图6.4所示，完整的更新流程应当包括采集获取变化信息、质量检查、数据更新入库等几个部分。

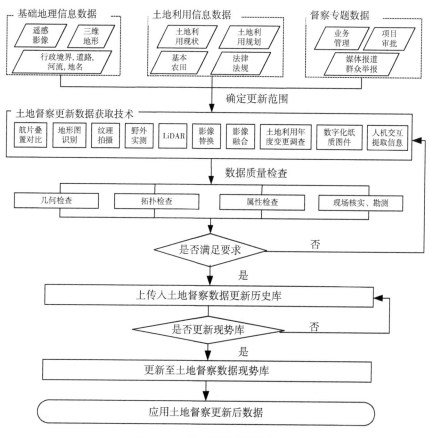

图 6.4 土地督察数据更新流程

2）土地督察数据更新关键技术

采用何种技术手段进行土地督察数据的更新，是更新流程中需要考虑的关键问题。不同类型的土地督察数据，其更新获取技术不同：

（1）基础地理信息数据更新关键技术。

①遥感影像数据：根据土地督察对变化图斑达 0.2 公顷以上的上图需求，遥感影像的空间分辨率应在 5 米以内。使用影像替换技术，以待更新影像为基准，对替换影像进行配准、辐射纠正和几何纠正等处理后，利用替换影像上相应区域的影像替换待更新影像的云层或阴影遮挡

区域；运用影像融合技术，将同一区域的多源遥感影像数据在统一的坐标系统中，通过空间配准和内容复合，生成一幅新影像。

②行政境界、道路、河流、地名数据：采用内外业一体化数字测图方法进行动态更新；提取行政境界、道路、河流、地名数据对应的各业务归口部门数据中的更新属性信息和图形信息；通过对最新影像数据（主要是航片）进行识别和处理，将时相较新的航片与旧航片进行叠置、相互比较，进行对占地、流域面积的各类专题数据变化图斑的勾绘及数据的初始更新。

③三维地形数据：通过航空影像进行三维地形的几何特征（或几何要素）的提取；通过三维摄影测量仪器和地面车载激光扫描获得数据，结合航空像片及资源卫星影像，使用航空影像运用数字化结合人工交互的方式更新三维地形的几何要素数据。

(2)土地利用信息数据更新关键技术。

①土地利用现状数据：根据《土地利用数据库标准》进行土地利用年度变更调查。

②土地利用总体规划数据：根据《县(市)级土地利用规划数据库标准》更新县、乡(镇)两级土地利用总体规划数据，并提供规划调整方案、文档和规划调整前后的数据。

③土地法律法规数据：建立土地法律法规数据库，以人工、人机交互的形式不定期更新修改、删除、新增的国家及地方与土地管理有关的法律法规。

3)督察专题信息更新关键技术

①综合监管平台业务管理数据、报国务院审批的项目数据。针对这两类数据，建立长效动态更新机制，一旦综合监管平台中的业务管理数据、报国务院审批的各类数据有更改，则土地督察数据实行联动更新。

②媒体数据、群众举报数据。设置专员对群众来信、来访、网站举报及网络、报纸、黄页等媒体发布的土地违法违规、项目动工信息进行不定期更新。

146

4）更新后土地督察数据的应用

将更新后的基础地理信息、土地利用信息、督察专题数据进行叠加分析：

①通过更新前后遥感影像的差异对比分析，实现新增建用地分布范围的自动识别提取，以此识别结果开展土地利用数据库复核、疑似新增建设用地判读、土地利用总体规划执行情况检查、基本农田保护情况检查、建设用地报批项目复查、违法用地判读等土地督察业务。

②对各类变化图斑进行空间分析，审批当年开工建设情况、变化图斑占用地类情况、变化图斑占用基本农田的情况、变化图斑超出开发区规划范围的情况。

③结合举报信息核查违法违规用地情况，整理出限制项目用地、未批先用、征而未建、化整为零、补充耕地项目情况进行空间分析，发现问题，提出纠正意见。

6.2.4.6 数据更新管理办法

空间基础信息平台数据更新管理办法在研究数据更新机制、数据更新操作规程的基础上，经过分析和总结，制定一系列准则，包括空间基础信息平台数据更新各机构职责、更新维护、发布使用、安全保密等方面的内容，用于平台数据更新维护的管理。

内容包括数据更新的管理责权部门、管理对象、管理方式、生效日期，管理机构与职责，数据更新和数据维护，数据发布及数据使用，安全与保密措施、数据的密级与使用期限，资料的使用和审批，其他相关规定等。

6.2.4.7 数据更新机制研究总报告

空间基础信息平台数据更新机制研究总报告分析数据更新机制的研究背景和意义，介绍研究的具体实施流程，归纳总结了数据更新机制的研究内容，并分析研究的关键技术点、难点以及解决方法。对空间基础信息平台的数据更新各个过程和各个方面进行研究，保证了空间基础信息平台数据更新规范、高效地进行。

数据更新和服务系统中，数据更新的数据类型及使用方式见表6.5所示：

表6.5 数据更新内容一览表

数据类型	使用方式			
	更新并提供	使用	加工处理	单纯浏览
公共设施	✓	——	——	——
公开版电子地图	✓	——	——	——
建筑物	✓	——	——	——
道路网	✓	——	——	——
三维数据	——	——	——	✓
地下管线	——	——	✓	——
地址数据	——	✓	——	——
专题地图地理底图数据	——	——	——	——
专题统计数据	——	——	——	——
DOM	——	✓	——	——
DLG	——	✓	——	——
DEM	——	——	——	——
部门专题数据	——	✓	——	——
元数据	✓	——	——	——

说明：

（1）更新并提供，指更新数据以便数据内容具备现势性，并以满足各个应用系统规范的形式提供更新后的数据；

（2）使用，只使用具备现势性的数据，不向其他系统进行提供；

（3）加工处理，对数据内容进行格式转换等加工处理；

（4）单纯浏览，仅对该类数据进行浏览，不进行其他操作。

空间基础信息平台数据更新操作流程是对新数据集在数据更新和维护系统产生后，平台各个数据系统更新各自所需数据的动态流程所作的规定。

空间基础信息平台数据更新操作整体流程见图6.5所示。

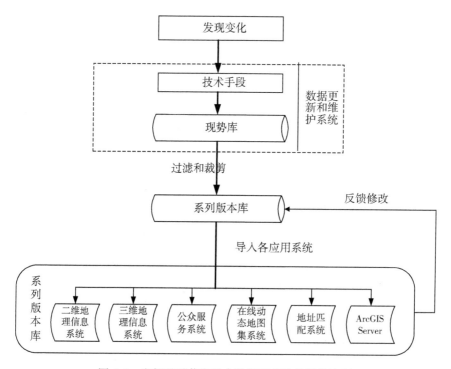

图6.5 空间基础信息平台数据更新整体操作流程

6.2.4.8 数据质量控制体系研究总报告

数据是空间基础信息平台建库和运行的基础，是平台最基本和最重要的组成部分，其投资也是平台投资中比重最大的部分。数据质量是空间基础信息平台生存和发展的保障，缺少质量指标的平台数据将无法得到用户的信任，它直接关系到空间基础信息平台应用的质量、水平以及广度和深度。

研究空间基础信息平台数据质量控制，有利于保证平台数据质量，保障投资者的投资目的，不致造成经济损失；有利于评价平台数据质量，确定平台录入数据的质量标准，改善平台数据的处理方法，减少平台设计与开发的盲目性；有利于建立以基础地理空间信息数据质量控制为基础，以公开版电子地图数据、公共设施数据、三维建筑物模型数据质量控制为核心的数据抽样指标体系和方法，研究制定切实可行的数据抽样调查方案，开创性地开展社会专题数据调查工作，避免因方法不当影响数据质量。

空间基础信息平台数据质量控制体系研究从宏观角度入手，深入分析了平台各类数据质量特点及数据质量控制、质量评价的理论、方法，并依次提出了适合平台各类数据质量控制的方法和质量评价体系，最终形成了平台数据总体的质量控制体系，同时制定了平台数据质量评价技术规程，作为平台数据质量控制的具体实施方法。该研究总报告分析了空间基础信息平台数据质量控制体系的研究背景和意义，并介绍研究的具体实施流程，归纳总结了空间基础信息平台数据质量控制体系的研究内容，并分析研究的关键技术点、难点以及解决方法。该研究建立了空间基础信息平台数据质量控制的完善机制，从理论上保障了空间基础信息平台各类数据的质量，进而保障平台应用的质量，保证平台各类数据的建设符合要求。

6.2.4.9 数据质量评价技术规程

空间基础信息平台数据质量评价技术规程制定平台数据质量评价的指标体系，详细介绍平台数据质量抽样检测的抽样方法、样本和检验批的质量评价方法、检查验收的基本内容和方法以及检查验收的基本规定，便于平台数据质量检测人员掌握数据质量检测及评价的具体方法和实施流程。

通过制定空间基础信息平台数据质量检测抽样调查的各项技术规

程，确保平台中各类数据的质量，从而实现在空间基础信息平台中数据的在线共享，推动互操作。该技术规程可以作为政府职能部门和相关部门检测其自身数据的参考，为系统使用者提供清晰明了的说明文档及应用实践，有利于确保空间基础信息平台中各类数据的质量和建立各类数据持久广泛深入的共享机制。

下面以三维建筑物模型的多层次模糊综合质量评价为例展开研究。

三维建筑物模型，包括几何数据、纹理(材质)数据和属性数据，是"数字城市"的重要组成部分，也是近年来 GIS 领域内的研究热点之一，在地质、矿山、城市测绘、环保、交通等方面有着十分重要的研究意义应用价值。"数字城市"的快速发展对数据质量提出了越来越高的要求。三维建筑物模型的质量在极大程度上决定了应用其进行 GIS 决策的成效，同时也直接影响到三维建筑物相关应用、分析、决策的正确性和可靠性。如何在模糊不确定性基础上，研究三维建筑物模型数据的可靠性指标，对三维建筑物模型质量进行全面、准确、科学的描述和评价已成为迫在眉睫的研究问题。

多层次模糊综合评判法是对模糊事物或现象做综合评价后，进行定量描述的一种科学方法，它可以充分考虑到各种可利用的信息，并对它的模糊性进行量化分析和区分。本研究以模糊理论为主要基础，采用多层次模糊综合评判方法对三维建筑物模型数据进行评价，试图寻找一种合理的数据评价方法，以解决三维建筑物模型数据质量问题。

1. 多层次模糊综合评判法原理描述

三维建筑物模型的质量评价体系，往往一级因素下包含有多个二级因素，在评价过程中要综合考虑这些互相关联的因素之间的层次关系。因此，本研究采用模糊数学中的多层次综合评判法来建立评价的数学模型，先把一级因素划分成几类二级因素，再对每一类二级因素作出简单的综合评判，然后根据简单综合评判的结果进行类之间的更高层次的综合评判。

多层次模糊综合评判原理如下：设评价时所着眼的 m 个因素的集合为 $U=(U_1, U_2, \cdots, U_m)$，$n$ 个评语的集合为 $V=\{V_1, V_2, \cdots, V_n\}$，在 GIS 质量评判中，评语集合可取为 $V=\{$优，良，中等，合格，不合格$\}$

若用 r_{ij} 表示第 i 个因素对第 j 种评语的隶属度，则因素论域与评语论域之间的模糊关系可用评价矩阵表示为

$$R = \begin{bmatrix} r_{11} & r_{12} & \cdots & r_{1n} \\ r_{21} & r_{22} & \cdots & r_{2n} \\ \vdots & \vdots & & \vdots \\ r_{m1} & r_{m2} & \cdots & r_{mn} \end{bmatrix}$$

式中：$0 \leqslant r_{ij} = U_R(U_i, V_j) \leqslant 1$，$i=1, 2, \cdots, 3, j=1, 2, \cdots, n$。

如果因素论域 U 中的因素又是由多个因素组成，即 U 由 k 层组成（$k \geqslant 2$），第一层（最高层）具有 m 个因素，即 $U=\{U_1(1), U_2(1), \cdots, U_m(1)\}$，评语集 $V=\{V_1, V_2, \cdots, V_n\}$，则多层次模糊综合评判的数据模型为

$$B = A \circ R = A \circ \begin{bmatrix} A_1 \circ \begin{bmatrix} A_{11} \circ R_{11} \\ A_{1s} \circ R_{1s} \end{bmatrix} \\ \vdots \\ A_m \circ \begin{bmatrix} A_{m1} \circ R_{m1} \\ A_{mq} \circ R_{mq} \end{bmatrix} \end{bmatrix}$$

多层次模糊综合评价是从最底层开始，向上逐层运算，直至得到最后的评语集 B。第 k 层评判结果就是第 $k-1$ 层因素的隶属度。

2. 多层次模糊综合评判计算步骤

以 $k=3$ 为例，多层次模糊综合评判计算步骤如下：

进行第三层的运算，分别得到 $B_{ij} = A_{ij} \circ R_{ij}$，即

$$B_{11} = A_{11} \circ R_{11}$$

$$\vdots$$

$$B_{1p} = A_{1p} \circ R_{1p}$$

$$B_{mp} = A_{mq} \circ R_{mq}$$

完成第三层的计算后，令

$$R_1 = \begin{bmatrix} B_{11} \\ B_{12} \\ \vdots \\ B_{1P} \end{bmatrix}, \cdots, R_m = \begin{bmatrix} B_{m1} \\ B_{m2} \\ \vdots \\ B_{mP} \end{bmatrix}$$

进行第二层的运算，分别得到 $B_i = A_i \circ R_i$，即

$$B_1 = A_1 \circ R_1$$

$$\vdots$$

$$B_m = A_m \circ R_m$$

完成第二层的计算后，令

$$R = \begin{bmatrix} B_1 \\ \vdots \\ B_m \end{bmatrix}$$

进行第一层的运算，得到最后的评语集

$$B = A \circ R$$

3. 基于模糊综合评判的三维建筑物模型数据质量评价

1)维建筑物模型质量评价指标体系的建立

完整的三维建筑模型数据应至少包含几何模型、纹理数据以及属性数据，还可以包含光照、相机、动画等效果数据。因此，三维建筑物模型质量应当包含几何数据精度、纹理数据精度、属性数据精度、现势性、基本要求、附件质量几个部分。建立三维建筑物模型质量评价体系如表6.6所示：

表 6.6 　　　　　三维建筑物模型质量评价指标体系

评价目标	因素	因子
三维建筑物模型质量（U）	基本要求（U1）	文件名称（U11）
		数据格式（U12）
		数据组织（U13）
	几何数据精度（U2）	数学基础精度（U21）
		平面与综合精度（U22）
		高程精度（U23）
		几何精度（比例尺）（U24）
		拓扑关系（U25）
	纹理数据精度（U3）	纹理数据完整性（U31）
		分辨率（U32）
		纹理状态（U33）
		纹理数据与实际建筑物的匹配程度（U34）
	属性数据精度（U4）	属性字段的完整性和正确性（U41）
		标识属性值与实际属性值之间的匹配程度（U42）
		文字、多媒体等属性资料的正确性（U43）
		属性数据与空间数据、纹理数据之间的关系的完整性、一致性（U44）
	现势性（U5）	要素采集时间（U51）
		要素更新时间（U52）
	附件质量（U6）	元数据文件的正确、完整性（U61）
		文档资料的正确、完整性（U62）

（1）基本要求 U1。

包括三维建筑物模型文件名称 U11，三维建筑物模型数据格式 U12，数据组织 U13。

（2）几何数据精度 U2。

包括三维建筑物模型数学基础精度 U21，平面与综合精度 U22，高程精度 U23，比例尺 U24，拓扑关系 U25。

（3）纹理数据精度 U3。

包括三维建筑物模型纹理数据完整性 U31，分辨率 U32，纹理状态 U33，收集的纹理数据与实际建筑物的匹配程度 U34。

（4）属性数据精度 U4。

包括三维建筑物模型属性字段的完整性和正确性 U41，标识的属性值与实际的属性值之间的匹配程度 U42，文字、多媒体等属性资料的正确性 U43，属性数据与空间数据、纹理数据之间关系的完整性、一致性 U44。

（5）现势性 U5。

包括三维建筑物模型要素采集时间 U51，要素更新时间 U52。

（6）附件质量 U6。

包括三维建筑物模型元数据文件 U61，文档资料的正确性、完整性 U62。

2）三维建筑物模型多层次模糊综合质量评价

选取某市三维建筑物模型为验证实例，运用德尔菲（Delphi）法，根据表 6.6 所示指标体系制定专家打分表，并将表函至专业部门人士的手中，邀请他们对到该三维建筑物模型进行打分、确定各指标因素对三维建筑物模型质量的贡献率（即权重）。对打分结果加以整理、归纳、综合，进行统计处理，将结果匿名返回给各个专家，再次征求他们的意见，进行有控制的反馈，确定各指标因子的权重。

运用"整体 GIS 质量综合评定法""隶属函数确定法"确定各指标因子评语集的隶属度 $V=\{V_1, V_2, V_3, V_4, V_5\}$。

计算得到的权重及隶属度如表 6.7 所示：

表6.7 三维建筑物模型质量评价权重及隶属度

评价目标	因素及权重	因子及权重	V_1	V_2	V_3	V_4	V_5
三维建筑物模型质量(U)	基本要求(U1) 0.2	文件名称(U11) 0.32	0.2	0.29	0.18	0.23	0.1
		数据格式(U12) 0.32	0.15	0.3	0.25	0.2	0.1
		数据组织(U13) 0.36	0.45	0.25	0.1	0.07	0.13
	几何数据精度(U2) 0.15	数学基础精度(U21) 0.2	0.25	0.3	0.15	0.1	0.2
		平面与综合精度(U22) 0.2	0.25	0.35	0.15	0.1	0.15
		高程精度(U23) 0.19	0.18	0.2	0.17	0.1	0.35
		几何精度(比例尺)(U24) 0.19	0.25	0.2	0.1	0.1	0.35
		拓扑关系(U25) 0.22	0.15	0.35	0.15	0.15	0.2
	纹理数据精度(U3) 0.15	纹理数据完整性(U31) 0.3	0.2	0.55	0.11	0.1	0.04
		分辨率(U32) 0.2	0.2	0.44	0.14	0.16	0.06
		纹理状态(U33) 0.3	0.31	0.21	0.22	0.16	0.1
		收集的纹理数据与实际建筑物的匹配程度(U34) 0.2	0.34	0.11	0.22	0.22	0.11
	属性数据精度(U4) 0.15	属性字段的完整性和正确性(U41) 0.2	0.23	0.52	0.11	0.1	0.04
		标识的属性值与实际的属性值之间的匹配程度(U42) 0.25	0.19	0.44	0.16	0.15	0.06
		文字、多媒体等属性资料的正确性(U43) 0.25	0.31	0.22	0.21	0.17	0.09
		属性数据与空间数据、纹理数据之间的关系的完整性、一致性(U44) 0.3	0.13	0.32	0.22	0.22	0.11
	现势性(U5) 0.2	要素采集时间(U51) 0.45	0.35	0.3	0.15	0.15	0.05
		要素更新时间(U52) 0.55	0.4	0.2	0.2	0.1	0.1
	附件质量(U6) 0.15	元数据文件的正确、完整性(U61) 0.55	0.4	0.25	0.2	0.11	0.04
		文档资料的正确、完整性(U62) 0.45	0.39	0.23	0.18	0.12	0.08

　　根据表 6.7 所示，三维建筑物模型质量评价指标体系有两层指标因子。

　　根据表 6.7 中三维建筑物模型各指标因素和因子的权重、隶属度，按照多层次模糊综合评判计算步骤，进行第二层的运算，得到：

$$B_1 = A_1 \circ R_1$$

$$= \begin{bmatrix} 0.32 & 0.32 & 0.36 \end{bmatrix} \circ \begin{bmatrix} 0.2 & 0.29 & 0.18 & 0.23 & 0.1 \\ 0.15 & 0.3 & 0.25 & 0.2 & 0.1 \\ 0.45 & 0.25 & 0.1 & 0.07 & 0.13 \end{bmatrix}$$

$$= \begin{bmatrix} 0.274 & 0.279 & 0.173 & 0.163 & 0.111 \end{bmatrix}$$

$$B_2 = A_2 \circ R_2$$

$$= \begin{bmatrix} 0.2 & 0.2 & 0.19 & 0.19 & 0.22 \end{bmatrix} \circ \begin{bmatrix} 0.25 & 0.3 & 0.15 & 0.1 & 0.2 \\ 0.25 & 0.35 & 0.15 & 0.1 & 0.15 \\ 0.18 & 0.2 & 0.17 & 0.1 & 0.35 \\ 0.25 & 0.2 & 0.1 & 0.1 & 0.35 \\ 0.15 & 0.35 & 0.15 & 0.15 & 0.2 \end{bmatrix}$$

$$= \begin{bmatrix} 0.215 & 0.283 & 0.144 & 0.111 & 0.247 \end{bmatrix}$$

$$B_3 = A_3 \circ R_3$$

$$= \begin{bmatrix} 0.3 & 0.2 & 0.3 & 0.2 \end{bmatrix} \circ \begin{bmatrix} 0.2 & 0.55 & 0.11 & 0.1 & 0.04 \\ 0.2 & 0.44 & 0.14 & 0.16 & 0.06 \\ 0.31 & 0.21 & 0.22 & 0.16 & 0.1 \\ 0.34 & 0.11 & 0.22 & 0.22 & 0.11 \end{bmatrix}$$

$$= \begin{bmatrix} 0.261 & 0.338 & 0.171 & 0.154 & 0.076 \end{bmatrix}$$

$$B_4 = A_4 \circ R_4$$

$$= \begin{bmatrix} 0.2 & 0.25 & 0.25 & 0.3 \end{bmatrix} \circ \begin{bmatrix} 0.23 & 0.52 & 0.11 & 0.1 & 0.04 \\ 0.19 & 0.44 & 0.16 & 0.15 & 0.06 \\ 0.31 & 0.22 & 0.21 & 0.17 & 0.09 \\ 0.13 & 0.32 & 0.22 & 0.22 & 0.11 \end{bmatrix}$$

$$= \begin{bmatrix} 0.210 & 0.365 & 0.180 & 0.166 & 0.079 \end{bmatrix}$$

$$B_5 = A_5 \circ R_5$$

$$= \begin{bmatrix} 0.45 & 0.55 \end{bmatrix} \circ \begin{bmatrix} 0.35 & 0.3 & 0.15 & 0.15 & 0.06 \\ 0.4 & 0.2 & 0.2 & 0.1 & 0.1 \end{bmatrix}$$

$$= \begin{bmatrix} 0.377 & 0.245 & 0.178 & 0.123 & 0.077 \end{bmatrix}$$

$$B_6 = A_6 \circ R_6$$

$$= \begin{bmatrix} 0.55 & 0.45 \end{bmatrix} \circ \begin{bmatrix} 0.4 & 0.25 & 0.2 & 0.11 & 0.04 \\ 0.39 & 0.23 & 0.18 & 0.12 & 0.08 \end{bmatrix}$$

$$= \begin{bmatrix} 0.395 & 0.241 & 0.191 & 0.115 & 0.058 \end{bmatrix}$$

故第一层的模糊关系矩阵 R 为：

$$R = \begin{bmatrix} B_1 \\ B_2 \\ B_3 \\ B_4 \\ B_5 \\ B_6 \end{bmatrix} = \begin{bmatrix} 0.274 & 0.279 & 0.173 & 0.163 & 0.111 \\ 0.215 & 0.283 & 0.144 & 0.111 & 0.247 \\ 0.261 & 0.338 & 0.171 & 0.154 & 0.076 \\ 0.210 & 0.365 & 0.180 & 0.166 & 0.079 \\ 0.377 & 0.245 & 0.178 & 0.123 & 0.077 \\ 0.395 & 0.241 & 0.191 & 0.115 & 0.058 \end{bmatrix}$$

三维建筑物模型评价因素的权重，即权向量 A：

$$A = \begin{bmatrix} 0.2 & 0.15 & 0.151 & 0.2 & 0.15 \end{bmatrix}$$

相应地进行第一层的运算，得到三维建筑物模型质量最终评语集：

$$B = \begin{bmatrix} 0.30 & 0.28 & 0.17 & 0.14 & 0.11 \end{bmatrix}$$

3）评价结果分析与结论

评价结果分析：根据计算得到的评语集 B，按照最大隶属度原则，确定该三维建筑物模型质量为"优"。评价结果与专家和一般用户的基准判定保持一致。

结论：三维建筑物模型质量具备 GIS 模糊性，多层次模糊综合评判能够充分地考虑 GIS 的模糊不确定性因素对 GIS 质量评价的影响。本研究采用多层次模糊综合评判法对三维建筑物模型进行质量评价，能科学地体现三维建筑物模型的模糊属性，反映了三维建筑物模型的真实质量情况。但是，GIS 的模糊综合评价是一项复杂的系统工程，具有模糊性、综合性特征，权向量、隶属度的确定是难点也是重点，尚需进一步探讨和验证。此外，综合多种数学方法如粗集理论、云理论等进行三维建筑物模型质量评价并加以对比分析，也是将来应该重点研究的内容。

6.2.4.10 相关新技术研究

研究国内外较为热门的新技术，结合空间基础信息平台自身发展的需求，在新技术研究中对 2D 网络电子地图、3D 网络电子地图、空间信息服务、自适应电子地图四种新技术进行研究，形成一系列研究报告，适用于指导空间基础信息平台应用实践。

6.2.5 附加模块建设

6.2.5.1 元数据标准

元数据是关于数据的数据，是信息的描述、记录、搜索和定位的基础，在空间基础信息平台数据管理应用中起着举足轻重的作用。本标准将元数据分为核心元数据和扩展元数据。核心元数据是指各类数据均可参照填写的元数据项，共 18 项，如表 6.8 所示。扩展元数据是指各类数据除去核心元数据外应参照填写的元数据项，分别包括数字线划图元数据、数字正射影像元数据、数字高程模型元数据和城市建筑三维模型元数据。空间基础信息平台允许用户发布数据，并通过元数据对用户发布数据进行分类管理，因此本标准也规定用户发布时应填写的元数据项。

表 6.8 核心元数据元素

序号	元素名称	定义	约束/条件	最大出现次数	类型	值域
1	名称	数据集的名称	M	1	字符型	char(100)
2	创建者	创建数据集的主要责任人	M	1	字符型	char(100)
3	标识符	标识数据集的数字	M	1	整型	1<=标识符
4	数据生产日期	数据集生产的时间	M	1	整型	CCYYMMDD (GB/T7408-94)
5	入库/签订日期	数据集入数据库或相关合同签订的日期	M	1	整型	CCYYMMDD (GB/T7408-94)
6	最近更新日期	数据集最近一次修改的日期	M	1	整型	CCYYMMDD (GB/T7408-94)
7	入库前格式	入库前文件的格式	M	1	字符型	文件格式代码表
8	安全限制分级	对数据集的安全和保密的规定	M	1	字符型	安全限制分级代码表
9	关联信息	关联资源的名称、关系类型及存取位置	M	N	字符型	char(100)
10	地理覆盖范围	数据资源的内容所涵盖的空间范围	M	1	字符型	
11	出版者	负责发布数据集的责任人,例如部门(DC)	M	1	字符型	部门名称代码表
12	出版者联系方式	出版者或联系人电话号码或者电子邮件	M	N	字符型	
13	元数据提供者	提供元数据的单位和个人	O	N	字符型	

序号	元素名称	定义	约束/条件	最大出现次数	类型	值域
14	元数据创建日期	数据集元数据的创建日期	M	1	整型	CCYYMMDD（GB/T7408-94）
15	元数据管理者	管理、维护该元数据的人员	M	1	字符型	
16	元数据最近修改日期	元数据最近修改的日期	M	1	整型	CCYYMMDD（GB/T7408-94）
17	描述	用文本形式说明资源的内容，例如摘要、版本、版权、注释等	M	N	字符型	
18	数据质量概述	数据集质量的定性和定量的概括说明	M	1	字符型	char(255)

其中，元数据元素的有效值域和允许对该值域内的值进行有效操作的规定。例如整型、浮点型、字符型、数值型等。值域用于说明元数据元素可以取值的范围。

英文短名遵循以下规则：

（1）短名在本标准范围内必须唯一。

（2）对存在国际或行业领域惯用英文所写的词汇等元数据实体或元数据元素对象，采用该英文所写为其表示符。

（3）对于根据英文名称或其他认识自定义的表示符，在保持唯一性的前提下统一取每个单词前三个字母作为其短名所写标识，当如此取词不能保证唯一性时应延展取词位数，通常仅增加一位，如此仍不能保证唯一性时如前继续延长取词，直至保证唯一性为止。

（4）对于元数据实体的短名标识的写法是，所有组成词汇的缩写为无缝连写，并且每个词汇缩写的首字母大写；

(5)对于元数据元素的短名标识的写法是，所有组成词汇的缩写为无缝连写，首词汇全部采用小写字母，其余每个词汇的缩写的首字母采用大写。

约束/条件，说明元数据实体或元数据元素是否必须选取的属性，包括必选、可选和条件必选。

1. 必选(M)

表明该元数据实体或元数据元素必须选择。

2. 可选(O)

根据实际应用可以选择也可以不选的元数据实体或元数据元素。已经定义的可选元数据实体和可选元数据元素，可指导部门元数据标准制定人员充分说明其政务信息资源。

如果一个可选原属实体未被使用，则该实体所包含的元素(包括必选元素)也不选用。可选元数据实体可以用必选元素，但只当可选实体被选用时才成为必选。

3. 条件必选(C)

当满足约束条件中所定义的条件时必须选择。条件必选用于以下三种可能性之一：

当在多个选项中进行选择时，至少一个选项必选，且必须使用。

当另一个元数据元素已经使用时，选用一个元数据实体或元数据元素。

当另一个元数据元素已经选择了一个特定值时，选用一个元数据元素。

最大出现次数，说明元数据实体或元数据元素可以具有的最大实例数目。只出现一次的用"1"表示，重复出现的用"N"表示。允许不为 1 的固定出现次数用相应的数字表示，如"2"、"3"、"4"等。

6.2.5.2 平台数据资源展示目录分类及编码

平台数据资源展示目录分类及编码从方便用户使用查询空间基础信

息平台数据资源的角度出发，重新整合空间基础信息平台数据资源分类，将整合后的适合大众查阅的分类以目录的形式表示出来，并提供各类的编码，适合用户更好地使用和维护空间基础信息平台数据资源。

6.2.5.3 平台数据资源目录分类及编码

平台数据资源目录分类及编码是将空间基础信息平台数据库中的资源进行整理并形成目录及编码，它与平台数据资源展示目录分类及编码存在对照关系，方便数据的维护及管理。它采用五级分类编码，包括遥感影像、DEM 数据、矢量数据三个一级类，并依据空间基础信息平台数据资源的特点逐级细分，且与数据库中的表名相对应。空间基础信息平台数据资源目录分类及编码提供了数据资源中文名称和相对应的英文名称。

6.3 本章小结

本章首先对实例的依存主体、标准系统、标准化工作系统内涵进行了界定，分析了空间基础信息平台标准体系（系统）的建设内容。其次从模块化视角对空间基础信息平台标准化系统工程进行建设管理，分析其标准系统内涵，从基础模块、专用模块、辅助模块、扩充模块、附加模块几个方面建设了标准体系，验证了模块化、标准系统理论构架的实用性。

7 空间基础信息平台标准化 工作系统管理

7.1 标准化工作系统构建

空间基础信息平台标准工作系统管理,包括管理体制、组织结构、运行维护三部分内容。本节基于第4章对协同工作流管理的分析来研究这三方面的内容,并尝试从第5章模块化视角尤其是组织模块化的视角,来分析空间基础信息平台工作系统标准模块化建设。

7.1.1 管理体制

为进一步推进空间基础信息平台的有效共享,加快平台基础数据库建设,建立数据交换和共享机制,确保数据、系统安全,针对平台特点,探索出适合平台发展的健全的管理体制,与时俱进地研究出适合平台建设和运行特点的管理模式十分必要。

根据现代管理学观点,管理体制是指管理系统的结构和组成方式,即采用怎样的组织形式以及如何将这些组织形式结合成为一个合理的有机系统,并以怎样的手段、方法来实现管理的任务和目的。具体来说,管理体制是规定相互联系的各组织机构的管理范围、权限职责、利益及其相互关系的准则,核心是管理机构的设置。管理机构职权的分配以及各机构间的相互协调,直接影响到管理的效率和效能。

空间基础信息平台管理体制是平台各类组织及其内部层次之间所形成的管理体系、管理制度、管理机制和管理方法的总称，其实质是平台运行和建设管理过程中责、权、利的分配和相互关系及实现机制，核心内容包括组织结构、运维机制、管理制度。

7.1.2 组织结构

空间基础信息平台的组织结构即平台管理机构的设置，是平台管理体制的核心。在此提出一种空间基础信息平台的机构设置方式，如图7.1所示，这种方式把平台的各组成部分之间结合成为一个有机的整体，可以使平台的管理具备一定的效率和效能。

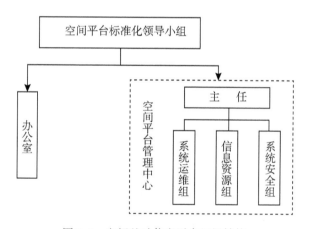

图 7.1　空间基础信息平台组织结构

在空间基础信息平台的运行过程中，平台管理中心既要负责对各种信息进行管理，在线提供各类地图数据和基本的 GIS 分析功能，又要将这些数据无缝地嵌入到其他政府部门去。其他政府部门在使用这些数据和基于此搭建自主应用的过程中，有责任对该部门所属数据进行更新和维护，并利用有关服务接口将适宜公开的数据上载或注册。这种组织结构采用数据集中的管理模式，采取"谁生产，谁更新"的运行模式。这种组织结构可以保障政府部门、企业和公众的分层次应用。

在这种组织结构中，领导小组是空间基础信息平台标准建设的决策层，应重点关注平台发展战略意图的一致性。由于目前空间基础信息平台的应用涉及深圳市国民经济社会信息化的各个方面，因而，需要建立高层次、有权威的领导小组，开展跨部门的协调。

办公室是空间基础信息平台的中间层，应重点负责综合协调及上传下达。

平台管理中心是空间基础信息平台的管理和事物执行层，应重点加强组织建设工作的协调性，明确管理职责，避免交叉管理和管理真空。

将空间基础信息平台组织结构中各组成部分的岗位设定和具体职责划分如下：

1. 领导小组

岗位设置：建议由2~3位主管信息化和电子政务的市领导兼任。

主要职责：

(1)研究制定空间基础信息平台的发展战略、发展规划和政策；

(2)统筹协调空间基础信息平台中跨部门、跨地区的信息权益，促进信息充分共享；

(3)研究协调空间基础信息平台发展中的其他重大问题。

2. 办公室

岗位设置：总人数为4~8人。建议由与空间基础信息平台建设、运行有关的深圳市各个相关部门，如市规划国土委员会、市应急管理办公室、市工商行政管理局、市环境保护局等相关部门，各派出1~2名主管部门信息化的人员兼任。

主要职责：

(1)组织制定空间基础信息平台数据共享标准、规范及相关的政策法规；

(2)负责督促检查、落实领导小组批办事项并及时反馈；

(3)协调空间基础信息平台管理工作，对有争议的问题提出处理意见并报领导小组决定；

（4）起草、送审、印发以空间基础信息平台办公室名义发布的文件；

（5）负责完成领导小组交办的其他工作任务。

3. 空间基础信息平台管理中心

空间基础信息平台管理中心设主任、系统运维组、信息资源组、系统安全组。各组成机构的岗位设定和机构职责如表7.1所示：

表 7.1　　　　　　空间基础信息平台各组成机构职责描述

组成机构	岗位设置	职能描述
管理中心主任	1~2人	管理空间基础信息平台管理中心的日常事务和技术管理，及相关制度的建立； 负责空间基础信息平台管理中心对上、对外联系工作； 协调空间基础信息平台管理中心各组成机构的工作
系统运维组	2~4人	系统支撑环境运维组： 负责空间基础信息平台中基础软硬件、数据库系统和网络的维护； 负责硬件、软件系统的升级、备份、还原管理； 负责管理空间基础信息平台用户的使用权限； 应用服务体系运维组： 负责推进空间基础信息平台在相关领域的应用； 协调解决空间基础信息平台使用过程中有关技术问题，软件的升级性开发、维护性开发等； 负责开展空间基础信息平台的开发、培训工作
信息资源组	1~2人	对空间基础信息平台中信息资源进行日常维护，包括存储、交换、发布、增删、修改、更新、备份等； 负责对空间基础信息平台中数据质量进行控制和管理； 对空间基础信息平台中信息资源的安全性进行审核和管理
系统安全组	1人	负责空间基础信息平台设备物理安全、网络系统安全和信息安全

7.1.3　运行维护管理

7.1.3.1　运行维护管理内容

空间基础信息平台的运行维护管理内容是其运行维护机制的具体体现，用于指导平台运行维护管理办法的制定。空间基础信息平台运行维护管理的内容包括系统运行维护管理、信息资源管理、系统安全管理及维护和用户管理四个部分。

1. 系统运行维护管理

系统运行维护管理包括两个方面的内容：一方面是对整个空间基础信息平台支撑环境的管理和维护，另一方面是对应用服务体系的管理和维护。

(1)支撑环境的管理和维护。重点在于采取有效措施维护空间基础信息平台系统的稳定运行，包括运行环境、网络系统、主机系统、视音频传输系统等的配置、运行维护、故障检测、升级、恢复等。

(2)应用服务体系的管理和维护。它是空间基础信息平台运行维护管理的关键内容，也是制约空间基础信息平台应用及发展水平的关键因素，要求管理和维护人员既要熟悉各类业务，又要熟悉相应应用服务体系的使用及维护，起到空间基础信息平台的应用单位和系统开发单位之间的纽带作用。包括应用服务体系软件的升级性开发、维护性开发、技术支持、应用服务体系推广建设及规划、使用过程中的其他问题及其实时处理等。

2. 信息资源管理

主要是面向各类应用产生、处理和使用的数据信息、语音信息、图像信息、视频系统的管理及维护，重点在于对各类信息的存储、转换、发布、访问、应用、备份与恢复等操作。包括信息存储管理、信息交换管理、信息发布管理、数据备份管理、数据恢复管理等。

3. 系统安全管理

系统安全主要指系统设备物理安全、网络系统安全和信息安全等。系统安全管理及维护内容主要包括网络安全设备管理及升级维护、网络安全设备的运行管理、网络杀毒系统的维护和管理、系统和网络设备的漏洞扫描和入侵检测、信息安全管理等。

4. 发布策略管理(用户管理)

将空间基础信息平台面向全社会各类用户归纳划分为政府各职能部门、企业和公众三类对象。每种对象的服务模式和发布策略不同,如表7.2所示。

表 7.2 空间基础信息平台运行维护发布策略

服务模式	适用对象	可用服务	发布策略
信息交换发布	政府部门	目录服务; 基础信息资源查询服务; 信息交换服务; 认证授权服务	能够提供连接政务内网的服务器; 数据落地; 采用文件方式交换数据,需保证服务器配置相应文件存放路径; 采用数据库方式,则需安装数据库系统; 可远程调用服务接口
业务对象管理	企业	目录服务; 基础信息资源查询服务; 认证授权服务	数据不落地; 远程调用服务接口,通常不存放交换数据
浏览查询	公众	目录服务; 基础信息资源查询服务	能够提供信息资源查询、浏览服务

7.1.3.2 运行维护保障计划

为加强空间基础信息平台运行维护规范化管理,确保平台长期稳定、安全、正常运行并持续发挥应用效益，需要结合平台运行维护工作实际，一方面制定运行维护规定，以确保系统各项运行指标安全要求在维护实施过程中得到有效落实，另一方面要科学合理地编制平台运行维护经费预算，制定经费保障计划。

1. 运行维护管理规定

制定运行维护责任部门、运行维护实施计划管理、系统运行维护工作实施流程。

2. 经费保障计划

为规范空间基础信息平台经费管理，提高资金使用效益，保障平台运维顺利进行，加强廉政建设，依《深圳市政府投资项目管理条例》《深圳市本级部门预算准则(试行)》制定实行空间基础信息平台运维的经费保障计划。

7.2 应用模式研究

7.2.1 基本概念

应用模式是应用级模型的概念模式，提供各种应用所需地理空间数据集的数据内容、逻辑结构和服务接口的形式化描述(即语义定义)。应用模式研究规定了在相同数据要求情况下，应该如何组织数据以反映应用的特殊需要，包含了对确定的数据及有关内部和结构的形式化描述规则，以及对数据进行控制和处理操作的有关规范。

7.2.1.1 模式的定义

定义一：Alexander 于 1997 年对"模式"定义如下：每个模式都描述了一个在我们的环境中不断出现的问题，然后描述了该问题的解决方案的核心。通过这种方式，你可以无数次地使用那些已有的解决方案，无须再重复相同的工作。

模式有不同的领域，当一个领域逐渐成熟的时候，会出现很多模式。例如，建筑领域有建筑模式，软件设计领域也有设计模式。

定义二：模式（即 pattern），是解决某一类问题的方法论。把解决某类问题的方法总结归纳到理论高度，那就是模式。

定义三：模式，是前人积累的经验的抽象和升华，是从不断重复出现的事件中发现和抽象出的规律，是解决问题的经验的总结。只要是一再重复出现的事物，就可能存在某种模式。

定义四：模式，是对客观事物的内外部机制的直观而简洁的描述，它是理论的简化形式，可以向人们提供客观事物的整体内容。

7.2.1.2 模式的内容

Alexander 认为，一个模式的说明应该包含以下四方面：

(1)模式的名称；

(2)模式的目的，它要解决的问题；

(3)如何实现该模式；

(4)为了实现该模式，必须考虑的限制和约束。

7.2.1.3 模式的作用

模式的作用在于指导。在一个良好的指导下，有助于完成任务、作出一个优良的设计方案，得到解决问题的最佳办法，达到事半功倍的效果。

7.2.1.4 典型模式——数据库系统三级模式结构

在数据库系统三级模式结构中，分为外模式、模式和内模式。

(1)外模式又称为子模式或用户模式，是数据库用户和数据库系统的接口，是数据库用户看到的数据视图。

(2)模式可细分为概念模式和逻辑模式，是所有数据库用户的公共数据视图，是数据库中全体数据的逻辑结构和特征的描述。

(3)内模式又称为存储模式，是数据库物理结构和存储方式的描述，是数据在数据库内部的表示方式。

7.2.2 设计模式

依照开发阶段的不同，模式可以被分类为分析模式(analysis patterns)、架构模式(architecture patterns)、设计模式(design patterns)和 Idiom。这里的设计模式主要是指软件设计模式。

(1)分析模式——分析包括透过需求的表面去了解本质问题。分析模式就是业务模型中的一组表达了通用基础结构的概念。

(2)架构模式——架构模式表达了软件系统的基础结构组织模型。它提供了一套预先确定的子系统和组件，说明了其职责，还包括为组织它们之间的关系而规定的规则和指导原则。

(3)设计模式——一个设计模式提供了一个模型，此模型提炼了一个软件系统的子系统或组件。它描述了一个通用的可复用的组件，此组件解决了某特定上下文的一般性的设计问题。

(4) Idiom——对某个语言特有的一个低级别的模式。比如某些模式只能使用多继承的语言表达(C++)。

7.2.2.1 设计模式的内涵

设计模式，由 Erich Gamma 等人于 20 世纪 90 年代从建筑设计领域引入到计算机科学，是针对软件设计中普遍存在(反复出现)的各种问题所提出的解决方案。设计模式并不直接用来完成程式码的编写，而是描述在各种不同情况下，要怎么解决问题的一种方案。物件导向设计模式通常以类别或物件来描述其中的关系和相互作用，但不涉及用来完成应用程式的特定类别或物件。演算法不能算是一种设计模式，因为演算法主要是用来解决计算上的问题，而非设计上的问题。设计模式主要是使不稳定的依赖于相对稳定、具体依赖于相对抽象，避免会引起麻烦的紧耦合，以增强软件设计面对并适应变化的能力。

并非所有的软件模式都是设计模式，设计模式特指软件设计层次上的问题。还有其他非设计模式的模式，如架构模式。

GOF（GOF，原意是 Gangs Of Four，指书的四个作者：Erich Gamma，Richard Helm，Ralph Johnson，John Vlissides）的《设计模式——可复用面向对象软件的基础》一书阐述了 23 种主要的设计模式，包括抽象工厂、适配器、外观模式等，以及 100 多种其他的设计模式。

一般来说，设计模式可归纳为创建型、结构型、行为型三种：

（1）创建型模式：包括抽象工厂模式、生成器模式、工厂模式、单件模式、原型模式等；

（2）结构型模式：包括适配器模式、桥接模式、组合模式、装饰模式、外观模式、享元模式、代理模式等；

（3）行为型模式：包括职责链模式、命令模式、解释器模式、迭代器模式、中介者模式、备忘录模式、观察者模式、状态模式、策略模式、模板方法模式、访问者模式等。

7.2.2.2 设计模式的作用

（1）是多年开发设计经验的传承，是对真实世界的抽象，有利于做出好的设计；

（2）提高了我们软件复用的水平，从而提高了生产效率。

7.2.2.3 典型设计模式——MVC 模式

设计模式非常多，以最常见的软件设计 MVC 模式为例。MVC 模式是 1996 年由 Buschmann 提出，包括以下内容：

（1）模型（Model）：就是封装数据和所有基于对这些数据的操作。

（2）视图（View）：就是封装的是对数据显示，即用户界面。

（3）控制器（Control）：就是封装外界作用于模型的操作和对数据流向的控制等。

7.2.3 应用模式

通过调研分析，总结出了七类典型应用模式。

7.2.3.1 平台设计与应用领域或人员之间的交互方式

广义平台应用模式，包括紧耦合方式、松耦合方式、无耦合方式。

示例：广义平台的基本特征与应用模式

学者何立民认为，能实现知用分离的广义平台有以下特征：

(1)物化形态独立。交给应用领域人员使用时，必然有软件包、或IC芯片、或硬件模块。独立的物化形态有利于广义平台的商品化生产与应用。

(2)通用性良好。一个平台能解决某个领域的一系列终极化应用。终极化应用的数量决定广义平台的效益。没有通用性便失去了平台的中介价值。

(3)知识产权完整。平台是创新知识的物化。平台中集成了与应用相关的全部创新知识，或集成了对基本原理、协议的诠释与再创造。平台代替了应用领域设计人员的智力劳动，它的知识产权归平台建设人员所有。

(4)平台内涵的黑箱性。为了平台的非介入性应用(不必了解平台内涵及知识原理)，以及平台的知识产权保护，广义平台都具有黑箱性。

(5)界面易于理解和操作。要使平台实现非介入性应用，平台设计时，必须为平台应用者设计一个易于理解、易于操作的界面。

平台设计与平台应用领域或人员之间的交互有以下方式：

(1)紧耦合方式。平台设计与平台应用紧密交互，有利于平台的维护、更新与升级。但常导致平台管理的随意性和物化形态的不完善。

(2)松耦合方式。形成平台建设与平台应用的两个团队，由技术主管实施平台设计、维护、更新、升级以及平台应用的管理工作。平台的技术交互通过技术主管进行。这种模式既有利于知识产权保护，又不妨碍企业技术人员的正常流动。

（3）无耦合方式。这是一种平台设计与平台应用无交互的应用模式。一般平台设计与平台应用分别在两个企业之间，平台以知识商品形式实现交互。平台设计部门只对平台的功能、可靠性负责，平台应用部门着重查验平台的功能、可靠性及操作特性，双方对平台的技术领悟视为知识产权保护范围。

7.2.3.2 地理空间信息使用模式

国土资源信息管理地理空间信息的应用模式主要集中在国土资源现状调查、国土资源使用调查跟踪、国土资源规划、国土资源预测四个方面。

示例：国土资源管理的地理空间信息应用模式

国家空间地理信息协调委员会在国家空间信息基础设施的研究中认为，对国土资源管理的业务而言，地理空间信息的应用主要集中在以下几个方面：

（1）国土资源现状调查。国土资源管理的基础是首先对国土资源的现有状况进行清查，即摸清楚国土资源的家底，其实质是及时获得各地国土资源的空间分布及特征信息。国土资源调查是十分浩大的工程，在该业务中常采用的方式包括：常规方式的土地详查，基于遥感方式的土地资源调查，综合抽样调查方法。在国土资源现状调查有关的业务中，地理空间信息的使用模式是基于数据的统计分析。

（2）国土资源使用调查跟踪。土地资源状态的动态跟踪目的是通过有效的途径评判某地块及区域内土地资源的开发利用是否符合指定的指标，即是否进行了不合理、不合法的改动，以此来保证土地资源的合理利用。在国土资源调查跟踪业务中，地理空间信息的使用模式是对比分析，即将某区域某时段的土地利用类型信息与规划的利用类型及范围数据进行对比，在地理信息系统平台的帮助下，很容易分析出土地利用是否合理、违规的地点及范围性质等。

(3)国土资源规划。国土资源规划的制订是根据社会经济发展指标对国土资源开发利用的需求、土地资源利用现状、土地资源的承载能力等多种条件进行的，在该过程中地理空间信息的应用主要包括规划所需要的背景信息(如国土资源数据、交通信息、社会经济空间信息等)和在国土资源的需求分析中把需要的社会经济发展指标转化成空间数据。规划过程中地理空间信息的应用模式是在现有各种地理空间信息的基础上，根据一定的模型通过计算分析得到新的地理数据。

(4)国土资源预测。国土资源的预测包括土地资源及土地的后备资源状况，国民经济社会发展对土地的需求，未来一定时间的国家及区域的土地资源走势，这三个预测过程中均需要相应的地理空间信息作为基础。土地资源预测业务对数据的使用模式体现在土地预测的若干过程中：现有的土地利用情况(地理信息直接表达信息)、土地资源开发利用数据(动态地理信息)、土地资源的开发利用与社会经济发展的关系(空间信息分析模型，即土地资源与经济发展的空间相关关系)、空间化区域社会经济发展的期望值(有空间差异的目标)、土地利用需求(具体位置信息)、土地利用配置的预案准备(空间上如何布局)、应对措施采取(空间落实情况)。

7.2.3.3 平台根据用户需求向其提供应用的方式

根据"数字潜江"地理空间信息公共平台的相关介绍，该平台提供了以下四种应用模式：

1)直接应用模式

直接键入市地理信息中心网址，打开地理数据，加载本部门专题信息，实现分析应用。本模式适用于部门应用需求较为简单的部门。

2)定制应用模式

利用平台提供的二次开发功能，针对用户需求进行个性化的定制。本模式适用于应用部门需求相对复杂、对空间数据应用较为深入的部门。

3）数据源调用模式

公共平台的数据发布完全遵循国际 OGC 组织的 WMS 和 WFS 规范，在客户端支持基于第三方商用 GIS 软件的应用开发，包括 ARCGIS、MapInfo 等，只要将公共平台设置为远程数据源，就可以在这些软件中直接调用。本模式适用于前期已经配备相关 GIS 软件的部门应用。

4）内嵌调用模式

对于已经投入使用的业务办公系统，可以通过安装公共平台连接工具实现地图调用，此时不需对原有系统做任何改动。在这些业务系统中，只要通过鼠标选择与地理位置相关的地名，就可以直接调取到对应范围的地图，并进行浏览、查询等操作，辅助业务办理。本模式适用于信息化启动较早、已有较成熟的办公系统的部门。

示例："数字潜江"地理空间信息公共平台简介

"数字潜江"地理空间信息公共平台建设是潜江市"十一五"规划中的重点建设项目，也是经国家测绘局批准，由国家测绘局、省测绘局和市政府共同建设的全国性示范项目。该平台是各种专业信息空间定位、集成交换和互联互通的基础，是用于一般性空间定位需求的分布式软件系统。通过推广应用该平台可以有力地推动潜江市各种信息资源的整合、管理、共享和开发利用，从而为政府、专业部门和社会公众提供高质量的信息服务。

建设情况：整个平台建设已完成。该平台集成了全市境内 1∶25 万、1∶5 万和 1∶1 万比例尺，城市规划区 300 平方公里 1∶2000、1∶5000 比例尺，80 平方公里 1∶500 比例尺的电子地形图，2.5 米和 0.5 米分辨率高清晰影像图等多种类型的地理空间数据，具备专题信息加载、查询统计、空间分析、可视输出等服务功能及二次开发接口，并依托政务网进行发布。

平台应用模式：

目前，"数字潜江"地理空间信息公共平台提供了四种应用模式，各模式详情如上文所述，各单位可根据自身情况进行推广应用。

平台功能：

1）空间数据浏览查询功能

客户端无须安装，只要输入政务网服务器的地址，就可以快捷、方便地调取到各类空间数据，进行浏览查询。

2）专题数据加载功能

对于专业应用部门，仅有空间数据不能满足需求，更需要基于空间位置的专题数据的查询、统计与分析。平台提供了两种类型的专题数据加载功能，对于已具有空间坐标的专题数据，可通过平台内嵌的转换工具直接叠加到地图上；对于不具有空间坐标的专题数据，可通过平台的地名匹配实现加载。

3）查询统计与空间分析功能

针对加载后的专题数据，可进行定制化的查询、统计与分析，并将结果可视化及打印输出。

4）二次开发功能

平台提供了标准的二次开发接口，对于现有功能不能满足有关部门需求的部分，可进行界面定制、功能修改以及功能增加。

5）数据交换功能

为实现城市的一体化科学管理和运营，需要依赖全市各部门分布式数据资源的共享和利用。公共平台提供了分布式多源数据的发布、引用功能，能够对各部门分散存储维护的数据进行实时调度，实现了数据物理分布、逻辑集成的应用模式。

7.2.3.4 城市地理空间基础数据从生产到应用的整个过程

示例：城市地理空间基础数据应用模式

学者任健、黄全义研究认为，城市地理空间基础数据应用模式流程包括：

（1）数据库提交的政策、标准，各测绘单位按政策和标准提交空间

178

基础数据库和专业数据库,数据管理中心则对各种数据库进行集成。

(2)建立空间数据管理平台即城市地理空间基础数据地理信息系统,对集成库的数据按照相应的政策和标准,进行科学的管理、维护和服务。

(3)为用户提供多种服务。具体有:实时查询、检索服务;按用户的要求,可提供各种比例尺模拟的 4D 产品和 4D 复合产品;可提供 CD 地图产品;可进行各种数据相关的属性图表的列表、查询和输出;可按用户需求,建立用户所需的基础 GIS;可对用户进行相应的技术咨询、技术支持、数据订购等多种服务。

(4)针对用户群的不同,采用不同的数据分发形式。对于政府部门,如省、市政府相应的职能部门,可采用专用光纤接入即 Intranet,以点对点的方式,免费提供所需的数据;建立基于 Internet 的 WebGIS 数据管理平台,通过 Internet 向社会发布城市地理空间基础数据的实时信息,提供数据的获取政策,数据价格协议,数据下载和其他的提供方式;数据管理中心可设立提供数据的定点销售部门,对上门获取数据的专业部门,可凭借单位介绍信,提供数据的优惠服务。对私人、企业等社会公众,可收取成本,提供数据服务。

(5)对城市地理空间基础数据集成库进行管理、维护,并形成定期的更新机制。

(6)建立用户意见反馈制度和资金回收分配制度。

7.2.3.5 系统或者平台的适用对象

1. 地理信息系统的应用模式

可以分为四种类型:①GIS 应用于科学研究;②GIS 应用于政府职能部门;③GIS 应用于公司和企业;④GIS 应用于社会个人。

示例 1:网络地理信息系统的应用模式

学者张健挺认为,WebGIS 最大的优势是弥补以前信息按区域、条块分割的缺陷,形成一个物理上分布、逻辑上集中的大型空间数据库,在其提供的信息查询和空间分析的基础上，产生能够满足不同用户不同需求的地理空间信息。按照使用对象的不同，地理信息系统的应用可以分为四种类型：GIS 应用于科学研究、GIS 应用于政府职能部门、GIS 应用于公司和企业、GIS 应用于社会个人。这四种类型的 GIS 应用都可以发展成为网络地理信息系统。

(1)应用于科学研究的 GIS。建立者和使用者合二为一，网络地理信息系统主要应用于科研项目研究群体内信息的存储和管理、交流和共享，共同完成地学研究的任务。

(2)应用于政府职能部门的 GIS。首先，存储政府职能部门的业务信息、完成各种日常事务处理，为政府决策和长期规划提供支持。其次，还担负着为科学研究提供各种基础地理信息数据，为社会和个人提供专业信息查询的职责。

(3)应用于公司和企业的 GIS。利用政府职能部门提供的基础地理信息和专业信息，结合本单位的具体实际，建立满足企业需要的GIS 为公司和企业涉及空间的信息查询和决策提供服务。专业网络地理信息系统公司则在各种地理空间数据的基础上开发相应的网络地理信息查询和分析模型，为其他公司和个人的地理信息查询和分析提供在线服务。

(4)应用于社会个人的 GIS。个人可利用政府和相关 GIS 信息公司企业提供的空间信息服务，满足诸如出行最优路线选择、公共服务设施定位、旅游路线选择等。

规模越大，参与者也越多，同时建立者和使用者的职能分化也越明显，模型分析功能越来越弱而信息查询要求越来越强。因此，可以分别用 Internet/Intranet 及其不同的组合分析满足不同的要求。具体模式如图 7.2 所示。

2. 电子政务的模式

主要模式有 G to G 模式、G to E 模式、G to B 模式和 G to C 模式等四种：

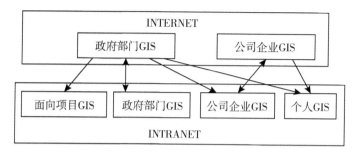

图 7.2　不同使用模式下 WebGIS 中 Internet 和 Intranet 的组合关系

（1）G to G 电子政务，即政府（Government）与政府之间的电子政务，又称作 G2G；

（2）G to E 电子政务，指政府（Government）与政府公务员（即政府雇员）（Employee）之间的电子政务，又称作 G2E；

（3）G to B 电子政务，指政府（Government）与企业（Business）之间的电子政务，又称作 G2B；

（4）G to C 电子政务，指政府（Government）与公民（Citizen）之间的电子政务，又称作 G2C。

示例 2：电子政务应用的新模式

李军、曾澜、严绍业、吴忠等学者认为，作为以网络技术为核心的信息技术在政府管理与服务中的基本应用，电子政务正在世界范围内蓬勃兴起，必将对传统的政府管理活动产生根本性的变革。电子政务所包含的内容极为广泛，几乎可以包括传统政务活动的各个方面。

1）G to G 模式

它是指政府内部、政府上下级之间、不同地区和不同职能部门之间实现的电子政务活动。G to G 模式是电子政务的基本模式，具体的实现方式可分为以下几种：①政府内部网络办公系统；②电子法规、政策系统；③电子公文系统；④电子司法档案系统；⑤电子财政管理系统；⑥电子培训系统；⑦垂直网络化管理系统；⑧横向网络协调管理系统；

⑨网络业绩评价系统；⑩城市网络管理系统。

2）G to E 电子政务

G to E 电子政务主要是利用 Intranet 建立起有效的行政办公和员工管理体系，为提高政府工作效率和公务员管理水平服务。具体的应用主要有公务员日常管理和电子人事管理两种。

3）G to B 电子政务

企业是国民经济发展的基本经济细胞，促进企业发展，提高企业的市场适应能力和国际竞争力是各级政府机构共同的责任。对政府来说，G to B 电子政务的形式主要包括：①政府电子化采购；②电子税务系统；③电子工商行政管理系统；④电子外经贸管理；⑤中小企业电子化服务；⑥综合信息服务系统。

4）G to C 电子政务

G to C 电子政务是政府通过电子网络系统为公民提供各种服务。G to C 电子政务所包含的内容十分广泛，主要的应用包括：①电子身份认证；②电子社会保障服务；③电子民主管理；④电子医疗服务；⑤电子就业服务；⑥电子教育，培训服务。

7.2.3.6　软件的运营视角

从软件运营视角总结存在四种典型模式，即"专卖店"模式、"中介店"模式、"超市"模式、"Mall"模式。

示例：SaaS 白皮书的 4 种典型应用模式

2009 年 3 月 30 日，中企开源信息技术有限公司（简称"中企开源"）联合长风联盟在北京正式发布了《长风联盟软件服务运营推进战略白皮书》（SaaS 白皮书）。该白皮书客观地阐述了长风联盟及核心企业对 SaaS（Software as a Service，软件即服务）的认识、理解和推进举措，为中国软件产业更好把握软件服务模式带来的巨大发展机遇、促进软件产业格局全面调整、实现产业的整体突破与提升提供了极具价值的参考和借鉴。

SaaS 白皮书分析指出，根据目前 SaaS 模式下的典型应用情况，根据对 SaaS 应用控制强度的不同，从运营视角总结存在四种典型模式：

（1）"专卖店"模式（封闭型、完全控制模式）。

这种模式的优点是用户无须运维应用，由于应用由平台完全控制，可以做到资源充分的优化配置和管理。

（2）"中介店"模式（开放型、接入及管理控制模式）。

这种模式的优点是用户无须运维应用，运营商可以依托固有品牌快速进入软件服务领域，并带领更多有自主运营能力的软件提供商进入服务市场。

（3）"超市"模式（开放型、完全控制模式）。

这种方式对平台的多租户、可配置、可伸缩性、可用性以及可靠性要求较高。

（4）"Mall"模式（开放型、非完全控制模式）。

这种模式对平台通用性要求高，对存储和计算资源虚拟化能力要求高。

7.2.3.7 网络架构的实现技术

示例：中小企业电子商务应用模式与平台建设

学者谢印成、张海燕认为，电子商务应用模式的分类包括：

（1）基于企业电子商务系统网络架构和实现技术分类。

从企业电子商务系统网络架构的技术模式可以将电子商务模式分为三类：基于内部网的电子商务应用模式、基于外联网的电子商务应用模式和企业自有 Web 的电子商务应用模式。

（2）基于企业电子商务系统运行平台实现方式分类。

主要有两种典型的第三方平台实现模式：主机托管的电子商务应用模式和基于 Web 的网上中介型电子商务应用模式。

（3）基于电子商务盈利模式分类。

目前，能够为企业电子商务带来明显收益，应用非常普遍的电子商务盈利模式主要有网络经纪模式、网络广告模式、内容提供商模式、在线销售模式、直销模式。

7.2.4　应用模式构架建议

通过对调研资料进行分析，总结出以下要点和建议：

(1)总的来说，模式、设计模式的体系发展较为成熟，有较为统一的定义和固定的内涵，涉及各行各业和众多领域。在内容的丰富性、完整性、实用性方面，尤以软件设计模式最为突出。

(2)在不同行业和领域，应用模式的内涵不同；在同一领域(如地理信息领域)应用模式的内涵也不尽相同，与应用模式定义者的角度、立场息息相关。

(3)根据"应用模式的内涵"中所做的提炼分析，可发现，在众多对应用模式的界定中，更倾向于把应用模式界定为一种应用过程方式，例如：地理空间信息使用模式(国土资源管理的地理空间信息应用模式)、向用户提供应用的方式("数字潜江"地理空间信息公共平台简介)、根据应用对象的不同而提供的不同模式(网络地理信息系统的应用模式)、运营的方式(电子政务应用的新模式)等等。

(4)同时，有的定义者也把应用模式定义为其他内容，如平台与使用者的交互方式(广义平台的基本特征与应用模式)、生产-提供-应用的整个过程(城市地理空间基础数据应用模式)、实现该应用的架构和基础等等(中小企业电子商务应用模式与平台建设)。

(5)建议根据各地空间基础信息平台具体情况，从上述应用模式的内涵中，选取最能体现空间基础信息平台基础信息特点的应用模式。

7.3　本章小结

本章从模块化视角分析标准化工作系统内涵，从管理体制、组织结构、运行维护管理几方面对标准化工作系统进行规范；从应用模式构建的角度，采用资料分析法和文案调查法，收集各方面有价值的资料，然后将资料进行摘录、整理、传递和选择，为应用模式提供建议和参考。

　　具体而言，本章基于协同工作流管理方法和模块化理论，从空间基础信息平台标准化工作系统的角度对管理体制、组织结构、运行维护机制进行了研究。研究分析了管理体制的实质与核心内容，制定了标准化工作系统组织结构，界定了空间基础信息平台运行维护管理和运行维护保障计划的内容，并研究了应用模式、设计模式的定义、内涵及作用，分析了应用模式典型案例体系内容、功能特色，从中提炼出可供空间基础信息平台借鉴的经验。通过完善的保障机制的建立，进一步验证了标准化工作系统理论构架的实用性，能够保证其地理信息标准化系统工程的有效运作，促进地理信息标准化的健康发展。

8 大数据时代地理信息标准化应用展望

8.1 大数据时代带来的机遇和挑战

"大数据"最早在 20 世纪 80 年代由未来学家阿尔文·托夫勒在《第三次浪潮》一书中提出(Toffler, A., 1980)。*Nature* 在 2008 年推出了"Big Data"专刊。*Science* 在 2011 年 2 月推出专刊"Dealing with Data",主要围绕着科学研究中大数据的问题展开讨论。2011 年麦肯锡咨询公司发布研究成果 *Big Data*:*The Next Frontier for Innovation*,*Competition*,*and Productivity*,对大数据概念进行大范围推广(McKinsey, 2011)。美国一些知名的数据管理领域的专家学者则从专业的研究角度出发,联合发布了一份白皮书 *Challenges and Opportunities with Big Data*(Agrawal D, Bernstein P, Bertino E, et al, 2011),介绍了大数据的产生,分析了大数据的处理流程,并提出大数据所面临的若干挑战。2012 年 3 月 29 日,奥巴马宣布将投入 2 亿多美元,立即启动"大数据发展和研究计划"(Big Data Research and Development Initiative),让全世界认识了大数据。我国在 2007 年、2009 年分别有一篇论文将大数据作为关键词,但还未形成大数据概念,也没有形成研究热潮,直到 2012 年起,我国大数据研究进入了发轫期(党明辉, 2013)。

我国正大力推动大数据的发展和应用,2016 年 2 月贵州获批国内首个大数据综合试验区。然而大数据建设中的问题也不容忽视。

一方面，从数据开放和共享角度来看，邬贺铨院士在《大数据时代的机遇与挑战》一文中指出：一些部门和机构拥有大量数据却不愿与其他部门共享，导致信息不完整或重复投资。国家信息中心首席工程师单志广在解读《促进大数据发展行动纲要》时指出：解决大数据的开放和共享问题，是中国真正释放政府掌握的 80% 数据资源的重要切入点。

各类大数据的基本内涵和基础建设，都离不开地理信息。国发 (2015) 50 号《关于印发促进大数据发展行动纲要的通知》明确提出，发展大数据的主要任务之一是"统筹规划大数据基础设施建设"，即加快完善自然资源和空间地理基础信息库等三类基础信息资源。该通知还明确定义地理信息大数据隶属于三类大数据基础信息资源之一。那么，如何提高其数据开放程度？部门之间开放共享的壁垒如何打破？怎样解决不愿意共享和无法共享的问题？数据质量和隐私问题如何保障？研究和建立行之有效的地理信息大数据开放共享机制，是解决这些问题的根本之策，意义重大。

另一方面，随着大数据的蓬勃发展和广泛应用，其引发的安全问题也日益引人注目。Viktor 认为大数据技术赋予了人们前所未有的权利，同时它也会给人们带来可怕的后果。孟小峰认为由于从技术层面可以通过大数据抽取和集成来实现用户隐私的获取，数据公开与隐私保护之间产生了新的挑战。另外，大数据本身的数据特色和技术流程决定了大数据在管理上就易造成隐私安全问题：从数据结构来看，其数据量巨大、类型多、处理速度快、数据回报大、查询分析较为复杂；从技术流程来看，大数据技术过程中的搜集、传输、储存以及处理四个环节都存在隐私安全问题。邬贺铨院士在《大数据时代的机遇与挑战》一文中指出：侵犯个体隐私、数据被滥用是大数据时代的挑战之一。单志广在解读《促进大数据发展行动纲要》时指出：数据共享开放，应当维护国家安全和社会公共安全，保护数据权益人的合法权益。在贵阳召开的 2016 中国大数据产业峰会，也以"数据安全"为主题，分设了"大数据时代的挑战：数据安全与个人隐私保护"论坛，安排了"大数据与网络安全立法高层研讨会"。可见,由国家层面至省市政府,都高度重视大数据的安全与隐私保护,对大数据安全隐私问题进行深入研究具有积极的现实意义。专家学者呼吁:国家大数据安全标准目前尚处于空白阶段,应聚焦标准化需求,及时研究和制定大数据安全标准。可见,对地理信息大数据安全和隐私保护中所表现出的形式以及特征进行深入分析,把地理信息大数据系统分成若干个模块,借助系统分析方法对目标进行分解,进行"自上而下"的综合分析,建立和完善其标准体系,进而延伸到研究解决安全和隐私保护问题的根源,提出相应的地理信息大数据安全与隐私保护对策建议,符合大数据标准化的科学研究发展趋势,有利于促进大数据的健康发展。

8.2　开放共享机制研究展望

8.2.1　数据开放共享研究现状

国际上最先推动数据开放共享的国家是美国。2009年1月,美国总统奥巴马签署《透明和开放政府备忘录》(Transparency and Open Government)。同年,美国数据门户网上线,数据开放共享迅速成为一种全球趋势。随着大数据概念的提出和发展,在美国的引领下,欧洲发达国家也纷纷推动实施了数据开放,印度、肯尼亚等若干发展中国家也加入其中。我国的台湾地区、香港特别行政区等地先后跟进,北京、上海等内地省市也陆续探路(钱心缘,2013)。2011年9月,美国、英国等8个国家联合签署《开放数据声明》,建立开放政府合作伙伴(OGP)关系,目前全球已有70多个国家加入其中。2013年6月,八国集团首脑签署了《开放数据宪章》,并制定开放数据行动方案。随后联合国、世界银行等国际组织也加入进来。政府开放数据运动已在全球逐步兴起。

2012年,上海和北京的政府数据开放平台先后上线,是国内最早的数据开放共享平台,《上海市数据资源共享和开放年度工作计划》是全国首个公开的开放数据工作计划(周慧,宋兴国,2015)。深圳、武汉、贵阳、无锡、青岛、湛江、宁波市海曙区、佛山市南海区等地也都陆续在进行数据开放的探索。

综观现有的对大数据开放共享的研究和实践,主要集中在合作机制、数据保护、平台建设、评估方式四个方面:①在合作机制方面,认同、透明、参与和合作是开放政府的核心战略要素(李平,2016);要促进政府部门之间合作,政府和公民也要共同开发、设计(冉从敬,2013);关键在于跨部门共享内部机制改进与外部环境优化(龙健,2013)。②在数据保护和安全隐私方面,要加快数据开放立法过程(王岳,2015),要平衡政府数据开放和个人隐私保护(张晓娟,2016)。③在数据挖掘和平台建设方面,数据要关注民生,围绕公众的主要需求(罗博,2014);空间数据是大数据的基础,是研究和发展大数据的重点(王树良,2013);要大力推动平台建设,基于 Hadoop 体系和 x86 硬件(郭文婷,2015),大数据 Mapreduce 并行处理和地理计算(刘纪平,2014),能够构建有效的数据共享平台。④在开放共享程度的评估方面,依托“开放数据晴雨表”(Davies T, Sharif R, Alonso J, 2015)和“开放数据指数”,基于中国国情,从基础、数据、平台三层面构成评估框架并进行应用评价(郑磊,2015);要推动社会评议制度建设,加强对数据开放的绩效考核(黄思棉,2013)。

8.2.2　存在问题和发展趋势

总体而言,当前大数据开放共享存在法规支撑不足(王岳,2015;钱心缘,2013)、操作标准缺乏(叶润国,2016)、旧有观念束缚(张晓娟,2016)、数据范围偏窄(孟小峰,2013)、实际利用率低(周慧,宋兴国,2015)等问题。2015 年 10 月,《21 世纪经济报道》对政府数据公开平台进行调查和评估(周慧,宋兴国,2015),经过数据统计和分析,研究人士认为“云上贵州的数据开放相当于零,只是换了数据开放新平台的说法"。除了"云上贵州"外，国内其他平台的数据开放情况也参差不齐，最大的问题是缺乏开放标准和规范(郑磊，高丰，2015)。

这些问题又都集中体现为不愿意共享、无法共享两大困境(钱红波，2015)。不愿意共享往往是由部门利益所导致，一些单位希望依靠自身所掌握垄断数据的优势，形成一定的技术壁垒，从而有助于今后在争取项目方面获得超额利益，导致大量数据和信息基本处于粗加工阶段，自己无能力开发又不允许他人使用。无法共享是由于相关数据调查规范标准以及共享基础平台尚未建立或不统一，造成数据资源共享困难，如果数据调查方法各异，数据统计口径不一，数据共享也就无从谈起。要解决不愿意共享和无法共享的问题，不仅仅要从合作手段、技术操作或效果评估中的某一方面入手，更要进行综合研究。建立系统性、完整性的开放共享机制，综合考虑生产部门、管理部门、使用者和技术标准，将成为解决大数据开放共享问题的发展趋势。

8.2.3　应用与研究探讨

在机制建设过程中，层次结构和过程式结构是两种最常用的结构形式(任福，2009)。地理信息大数据具有空间属性，必须在统一的标准基础上进行获取、开发、统计和分析。而"人本-逻辑-物理"的视角，既从大数据具体内涵和空间属性着手，又考虑到其开放共享涉及管理、技术和数据的综合属性，针对地理信息这一特定标准对象，结合层次和过程式两种结构的优点，分别从人本、逻辑、物理的角度，对应着数据、技术和管理三个维度，三个维度彼此紧密联系，共同形成支撑地理信息大数据开放共享的软环境。一方面从管理学、社会学、统计学的角度，探索一个更好的跨部门开放共享组织协调机制，为政府的相关决策提供参考以促进数据资源共享，减少重复建设；另一方面，从系统工程学的角度，建立一个地理信息大数据的标准系统，以保障跨部门之间数据接口的统一、更新的现势性、质量控制的有效性，满足社会公众和企业用户对地理信息的开放共享需求。

研究视角如图 8.1 所示：

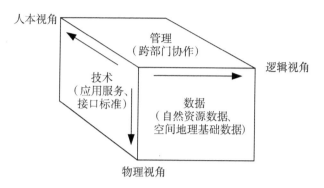

图 8.1　地理信息大数据开放共享机制研究视角

1. 人本视角

包括管理者、提供者、使用者，应用国际上具备代表性的管理"巧匠"理论（Bardach. E，2011）进行跨部门合作研究。包括构建高效运作体系，获取资源，创建指导过程和程序，发展互信和共同解决问题的文化，管理好以梯级平台为特征的动态发展过程。

2. 逻辑视角

从研究对象的具体内涵着手，包含土地、水利、矿产等在内的自然资源数据，以及包含 DLG、DOM、DEM 等在内的空间地理基础数据，考虑其开放共享建设的逻辑一致性、更新现势性等问题。

3. 物理视角

从物理架构的视角，研究地理信息大数据的应用服务及其接口标准。

因此可见运用系统科学的方法，从"人本-逻辑-物理"的综合视角，分析国内外相关的建设经验。针对研究区域的具体情况，建立大数据开放共享机制，以建立良性运行机制和发挥最佳效益为目标，提出具有科学性、适用性的建议和办法。对推动政府治理创新，促进大数据的合理、规范、高效率利用，促进部门之间数据共享，实现企业、投资者、创新者的共同参与，都具有一定的理论意义和现实意义。具体可包含以下几个方面的内容：

1）建立大数据基础设施开放共享管理体制

这是开放共享机制创建和维护的组织基础。包括跨部门合作组织机构的设置，开放共享中各个环节的有机配合，协调、灵活、高效运转的运行维护机制。

2）建立地理信息库数据更新机制，构建相应的质量控制和隐私保障体系

这是开放共享机制创建和维护的落脚点。

（1）数据更新机制的建立。在对发达国家相关经验分析总结的基础上，研究地理信息变化机理确定更新源和更新方式。

（2）质量控制和隐私保障体系的构建。建立地理信息数据抽样指标体系和方法，以及完善有效的隐私保障制度。

8.3　安全与隐私保护研究展望

8.3.1　国内外研究现状及分析

如何对发布和使用大数据的用户及数据本身进行隐私保护？怎样进行大数据内容的可信验证？该遵循何种构建模式建立安全与隐私保护机制？如何平衡数据开放共享与安全隐私保护的关系？上述问题均为当前大数据安全与隐私保护领域整体研究的要点，对此国内外学者从不同角度进行了深入探讨，主要集中在三个方面：

1. 大数据安全隐私关键技术研究

国内外学者主要从信息安全技术的应用角度研究了数据安全与隐私保护中应用的关键技术。包括数据发布匿名保护技术、社交网络匿名保护技术、数据溯源技术、角色挖掘、数据水印技术、风险自适应的访问控制、密文计算、密文访问控制和密文数据聚合等（Agrawal R，2000；

冯登国，2014；孟小枫，2015；罗颖，2016；曹珍富，2016）。Viktor
认为，搜索引擎能够记住我们所有的搜索信息，大数据记住了那些被人
们遗忘的信息。"删除"与"取舍"就是要将有意义的信息留下，把无意
义的去掉（Viktor，2011）。王璐通过对大数据时代位置感知技术进行研
究，分析了位置感知技术对大数据的隐私威胁，总结了针对位置数据的
攻击模型（王璐，2014）。总的来说，大数据安全隐私关键技术研究，
其核心在于研究新型的数据发布技术，尝试在尽可能减少数据信息损失
的同时最大化地隐藏用户隐私。

2. 安全与隐私保护伦理分析与立法探索

国内外学者从大数据时代伦理和道德面对的困境角度进行研究，并
相应地提出了方案和立法建议。基于信息不平等及道德认同，应设计精
致的方案来合理实施强制保护个人数据，研究技术与隐私的内在冲突
时，需完善法律和科技手段（Hoven，2008；Barabasi，2010）。大数据
技术的兴起应该给予一种思考新技术伦理影响的紧迫感（Kord Davis，
2012）。当前伦理困境的表现主要为"数据挖掘""数据预测"与"全面的
监控"三方面，需要相关法律法规、技术等方面的支持才能得到有效的
控制（薛孚，2015）。消费者的收益必须大于分享数据付出的代价、数
据在使用过程中必须保持高透明（邱仁宗，2014）。只有通过技术手段
与相关政策法规等相结合，才能更好地解决大数据安全与隐私保护问题
（冯登国，2014）。推广网络实名制、制定网络信息安全基本法，积极
建立行业自律组织，并制定行业自律规范（阿拉木斯，2016）。总的来
说，其共性在于不仅要看到技术手段的可行性，还要分析人性，并从法
律角度试图找到解决安全与隐私保护问题的突破点。

3. 大数据标准化的研究和应用正在兴起，亟待全面推进

大数据安全不仅是技术问题，也是管理问题。著名标准化学者李春
田呼吁"标准化领域事关国家兴衰"（李春田，2015）。随着大数据时代
的来临，数据安全标准建设有助于规范数据信息的使用和建设，对于促
进诸多大数据业务的融合和应用发展具有重要的意义（范科峰，2014）。

标准化是完善管理职能、提高管理效率的好方法(李琪，2016)。包括规划设计、信息资源管理、质量控制、安全保密等模块在内的地理信息标准化系统，能够综合技术手段和管理职能，有利于保障数据的质量安全(白易，2011)。美国国家标准与技术研究院(National Institute of Standards and Technology，NIST)多年以来一直参与分析联邦政府和私营部门的海量数据管理，2013 年 1 月，NIST 建立包括安全和隐私(Security and Privacy Subgroup)等六个子工作组在内的大数据工作组，在大数安全和隐私、参考架构、技术路线等方面展开讨论和研究，以实现支持大数据安全有效利用的目的(NIST，2013)。

尽管 NIST 已经开始了相关研究，但总的来说，在大数据的国际化进程中，全球范围内大数据的标准化工作还处于研究起始阶段，这也是我国引领国际大数据标准化的良好契机(韩晶，2014)。因此，我国应当加快标准化研究和制定，规范大数据行业，推进行业发展，为我国的大数据战略顶层设计做参考，提升在国际标准制定中的话语权(单志广，2015；杜巍，2016)。

综上所述，可以看出最近几年学界关于大数据与隐私的研究成果比较丰富，研究角度也较为多元化。不过前两类都是侧重于单个方面，比如数据安全技术或者管理手段，而标准化能够很好地结合技术标准和管理制度。首先，制定包含技术路线在内数据安全的相关标准条例，避免各类安全事件的发生。其次，制定安全管理相关标准，明确数据产生、存储和使用过程中的相关权利和责任，可以帮助完善数据管理体系和制度，从而杜绝数据安全管理漏洞。因此，当前时代发展和行业特色、大数据科学研究趋势均呼吁标准化在大数据安全和隐私保护中得到研究和应用。有鉴于此，在一定程度上建立地理信息大数据的安全与隐私模块标准体系，旨在为大数据的安全与隐私保护研究添砖加瓦。

8.3.2　研究目标和研究方案

按照"地理信息大数据的基本标准架构研究→安全与隐私保护标准

模块框架的建立→制定安全与隐私保护机制"的顺序，研究的基本技术路线图如图8.2所示。包括：建立地理信息大数据标准体系的"数据-接口-管理"模块架构，由于大数据结构具备高度复杂性，属于复杂产品系统。难以制定通常的产品标准对它进行规范。作为现代标准化前沿的模块化和综合标准化已经在诸多领域里大行其道，它们将担当起复杂产品系统标准化的重任。首先详细分析地理信息大数据的组成内容、构建方式及其本质特征；其次，根据地理信息大数据的分类体系，采用模块化和综合标准化的方法，建立一个"数据-接口-管理"的标准模块架构，研究各模块内部的构建内涵和维度组合，提出基于模块化和综合标准化的地理信息大数据标准体系构建内容和机制。

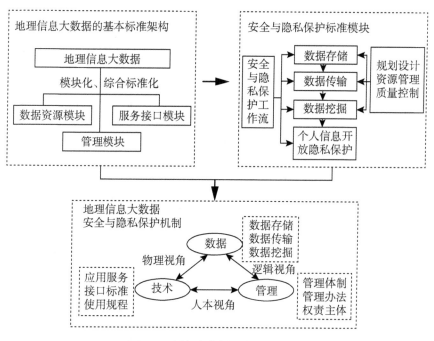

图 8.2　研究方案的基本技术路线

建立地理信息大数据安全与隐私保护工作流模型，地理信息大数据安全与隐私保护工作流模型是指通过对涉及数据安全和隐私的各个流程进行任务划分，动态的组织各个阶段的任务。分别在数据存储、数据传输、数据使用(分析与挖掘)的工作流模型中进行分析和标准制定，进而实现数据信息本身及数据使用者的安全与隐私保护。

建立集技术、管理为一体的地理信息大数据安全与隐私保护机制，面向地理信息大数据安全标准中技术管理密不可分的特点，整合上文提出的"数据-接口-管理"模块架构及安全与隐私保护工作流模型，构建起安全与隐私保护机制。

具体而言，包括：

1. 从系统学角度建立地理信息大数据标准系统基本架构

从系统学的角度看，地理信息标准系统是在多重反馈回路作用下的复杂巨系统。深入理解地理信息大数据的本质，同时进行高度抽象概括，将信息技术和标准方面的通用标准制定、地理信息技术领域/行业的技术状况和标准状况，地理信息专业技术和专业标准协调机制综合分析，根据这三类机制的协调运行，拟从标准化的高级形式：模块化与综合标准化的角度，研究数据资源、服务接口和管理三大模块。如图8.3所示。

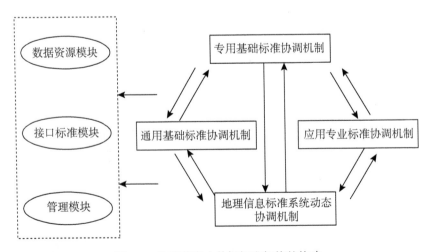

图 8.3　地理信息大数据标准架构的构建

196

2. 基于工作流模式建立地理信息大数据安全与隐私保护标准模块

在大数据安全和隐私方面，NIST 提出了对大数据应用提供商与数据提供者、数据消费者三个不同接口（NIST，2013）。根据这些接口的关键位置和隐私考虑因素，韩晶提出了大数据安全和隐私标准：包括对外提供大数据服务时，对数据存储安全，数据传输安全，数据分析挖掘安全等方面的标准化（韩晶，2014）。

拟采用工作流模型，如图 8.4 所示，通过工作流建模工具，将上述地理信息大数据标准架构中与安全隐私保护有关的内容集成到一个标准模块中，完成地理信息大数据的存储、传输、挖掘、个人信息保护管理需求分析、建立参考模型结构，结合地理信息大数据的具体实际，研究针对不同任务制定流程和标准，包括规划设计、资源管理和质量控制。

3. 基于有序原理制定地理信息大数据安全与隐私保护机制

涉及三个模块、三大视角和一个机制，即数据模块、技术模块、管理模块，人本视角、逻辑视角、物理视角，及地理信息大数据安全与隐私保护机制。

首先拟基于有序原理进行研究：地理信息大数据标准系统只有及时淘汰落后的、无用的要素，也即减少系统的熵，或补充对系统进化有激发力的新要素（增加负熵），才能使系统从较低有序状态向较高有序状态转化（白易，2011）。因此机制的制定需要构造有地方和区域特色安全与隐私保护标准，既要满足大数据的实际需要，又要充分满足未来发展需求，适时地不断修订标准系统，剔除过时的、无序的内容，加入新的、成熟的标准要素，确保安全与隐私保护机制具备科学性、先进性和实用性。

相应地，研究内容包括：

1）基于模块化和综合标准化的地理信息大数据标准体系

（1）地理信息大数据标准化系统环境因素分析：分析影响地理信息标准化系统环境的政治要素、经济要素、社会文化要素、技术环境要素。

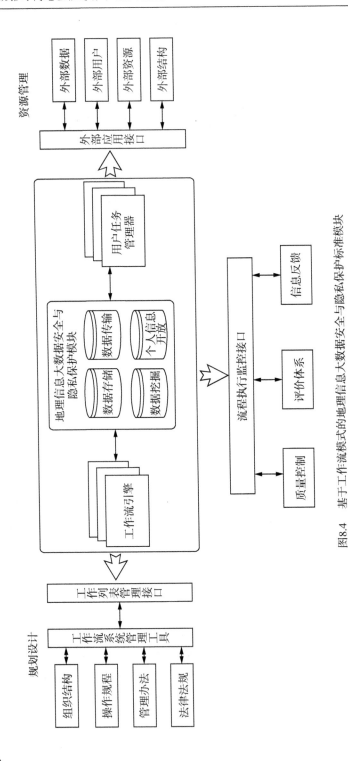

图8.4 基于工作流模式的地理信息大数据安全与隐私保护标准模块

198

（2）地理信息大数据结构优化管理：分析实现地理信息标准系统结构优化的途径；建立地理信息标准体系通用基础标准、专用基础标准和应用专业标准的层次结构。

（3）模块化和综合标准化：建立"数据-接口-管理"模块，对地理信息标准系统生产模块化、地理信息标准化工作系统组织模块化进行研究。

2）工作流模型下的地理信息大数据安全与隐私保护模块

（1）研究地理信息标准化工作系统协同工作流管理功能需求：组织结构管理需求；运行维护机制管理需求；管理制度建设需求。

（2）基于工作流分析安全与隐私保护模块：以数据为中心，针对大数据存储、使用的不同过程，结合管理功能需求，制定管理体系结构，数据质量控制和反馈方案。

3）面向数据、技术和管理的地理信息大数据安全与隐私保护机制

在标准体系构建与安全隐私模块建立的基础上，以地理信息大数据涉及的模型和视角为分析对象：

（1）规范运行和建设管理过程中责、权、利的分配和相互关系及实现机制；

（2）制定标准化工作系统组织结构；

（3）界定大数据运维管理、信息资源管理、系统安全管理、应用系统运行管理及维护和用户管理；

（4）最终形成地理信息大数据安全与隐私保护机制。

8.3.3　应用与研究探讨

综上所述，需要解决的关键问题包括：地理信息大数据标准体系及安全与隐私保护模块的建立。这是地理信息大数据安全与隐私保护机制得以构建的基础和关键，它将是需要首先取得突破的技术要点和难点之一。地理信息大数据安全与隐私保护模块的工作流分析。针对不同的人群，如大数据应用提供商与数据提供者、数据消费者、大数据框架提供

商，在安全隐私考虑因素是不一样的，在以工作流任务划分中如何合理地对不同人群进行不同标准定义，是实现安全与隐私保护的关键问题之一。基于"人本-逻辑-物理"视角的安全与隐私保护机制的建立。如何合理地将地理信息大数据涉及的模块和视角综合分析，并动态聚合以完成不同群体不同模块的安全与隐私保护需求，它将是本研究中需要着力解决的另一个关键问题。

安全与隐私保护是大数据领域的热点问题，对我国三大基础大数据中的地理信息大数据安全与隐私保护进行研究，具有重要的理论意义和实际应用价值。

首先，可促进地理信息标准体系的完善。基于标准化的高级形式——模块化和综合标准化，对地理信息大数据涉及安全与隐私保护的模块进行分析和定义，克服了传统标准化只是单纯地建立标准，难以解决复杂问题的局限。在分析地理信息各相关要素之间的定性和定量关系的基础上，能解决安全与隐私保护中涉及的复杂事宜，极大地改进了传统的地理信息数据标准体系，同时还将促进大数据时代地理信息的合理与高效使用。

其次，完善大数据安全与隐私保护理论体系。在建立和改进地理信息标准体系的基础上，重点对大数据安全与隐私保护体系进行分析，从技术安全性和管理制度安全性并重的角度研究并建立起相应的安全与隐私保护标准，相应的成果能应用于健全大数据市场发展机制、大数据安全保障体系、大数据安全评估体系、大数据安全支撑体系、大数据安全与隐私保护立法等，对完善大数据安全与隐私保护的理论体系有积极作用。

最后，促进大数据开放共享以及地理信息大数据智能化研究，有助于促进大数据健康发展。针对地理信息大数据的应用特色和基础内涵，对其技术上的标准和管理上的机制进行研究、建立完善的标准体系和安全隐私保护机制，最终的目标是大数据的合理利用，对实现大数据的开放共享，进而实现地理信息大数据的进一步智能化研究和健康发展，均具有一定的促进作用和创新意义。

8.4 本章小结

本章在分析大数据时代给地理信息标准化应用带来挑战的基础上，梳理了数据开放共享、安全与隐私保护研究现状。探讨建立大数据基础设施开放共享管理体制，建立地理信息数据抽样指标体系和方法，建立完善有效的隐私保障制度，针对大数据安全与隐私保护的工作流特色，建立工作流建模，在此基础上制定出模式和标准。将标准体系的层次结构和过程式结构有机结合起来，从"人本-逻辑-物理"的角度，对应着数据、技术和管理三个维度建立一套较为完善的机制。汲取科学方法、适应地方实际。结合地方实际，参照国内外的建设经验与教训，建立开放共享、安全与隐私保护体系。按照从一般到具体的过程和层次顺序结构，将研究内容定义为整体标准体系架构的建立、安全与保护隐私保护模块的建设、综合技术角度和管理层面的机制建设。符合系统工程学中建立机制架构的要求，符合地理信息大数据的数据特色，研究目标明确，重难点突出，内容和方法在理论上是可行的。

9 研 究 结 论

本研究在对标准化研究进展、国内外地理信息标准化研究情况进行分析的基础上，根据我国地理信息标准化系统建设的需求，从系统学、管理学的角度，综合应用协同理论、信息科学、战略分析、控制理论、心理学等方法手段，对地理信息标准化系统、地理信息标准系统、地理信息标准化工作系统进行了建设和管理的研究分析，把经济学中的模块化理论引入地理信息标准化中，并以空间基础信息平台标准化系统工程建设为实例进行验证研究。既从理论上研究了标准化系统工程、模块化的管理方式、过程，又从实践中构建了具有普适性的模块化视角标准体系，制定了有效的标准化工作管理流程。

(1)运用系统工程科学，通过对标准化系统工程内涵的分析，界定了地理信息标准化系统工程的概念和范围。由于依存主体是地理信息标准系统和标准化工作系统赖以存在、服务及约束的对象，没有必要也无法独立出来进行管理分析，因此本研究对地理信息标准化系统管理的研究主要体现在整体的标准化系统、标准系统(体系)、标准化工作系统上，对这几者的管理研究过程也处处体现了对地理信息标准化系统依存主体的管理。

(2)运用战略分析方法、目标树方法、目标手段分析方法、心理学分析等对地理信息标准化系统进行了环境分析、目标和结构分析、定性定量分析。制定了标准发展战略，提出了地理信息标准化系统工程总体建设目标。

202

（3）从数据维度、技术维度、管理维度三个方面，结合逻辑、物理、人的视角提出了地理信息标准系统的分目标，从工作流程的角度，制定了形成地理空间数据共建共享和持续运行的长效机制的地理信息标准化工作系统建设分目标，从理论主体、实践主体和技术主体三个角度制定了包括地理信息技术及其应用形式、空间结构层次、工程项目、研究项目等体现形式在内的地理信息标准化系统依存主体的分建设目标。

（4）从心理学中人类解决问题过程的角度，对地理信息标准化系统进行了定性分析，制定出了地理信息标准化"目标-手段"系统架构，构建了系统要素二元相关矩阵以对平行方向的要素关系进行分析，构建了标准化系统评价指标体系以分析系统内部阶层性关系。

（5）界定了地理信息标准系统管理原理和方法，针对地理信息标准系统和我国标准化工作的特点，运用系统效应原理、结构优化原理和有序原理有效处理地理信息标准系统发展过程中的各种矛盾，充分发挥系统功能，促进地理信息标准系统的健康发展。

（6）从计算机支持协同工作流的角度，分析了地理信息标准化协同工作流管理需求，构建了基于协同的工作流参考模型、工作流管理系统体系结构，制定了协同工作流管理过程，从反馈控制、数据质量控制两个方面研究了地理信息标准化工作系统的运行控制管理。

（7）从广义模块化的角度界定了地理信息标准工作系统模块化的内涵，按照"设计模块化→生产模块化→组织模块化"三位一体的分析思路，重点探索了地理信息标准化系统的模块化研究。

（8）以空间基础信息平台标准化系统建设为例，将研究分析的标准化系统、标准系统、标准化工作系统、模块化等理论、建模应用到实例中。从模块化视角详细研究了标准系统的划分和建设，从空间基础信息平台标准化工作系统的角度对管理体制、组织结构、运行维护机制、应用模式进行了研究。

（9）结合大数据时代带来的机遇和挑战，从地理信息大数据开放共享机制、安全与隐私保护机制两个方面，展望地理信息标准化可能的应用方向和研究内容。

总之，本研究针对当前地理信息标准化建设的现状和问题，对地理信息标准化系统工程管理做了一些研究和探讨工作。

尽管本研究尽可能综合全面地从多个角度对地理信息标准化系统的建设管理进行详细深入的分析研究，但是由于地理信息标准化工作内涵丰富、工作量大，加上标准化系统管理、模块化理论研究主题较新，以及笔者知识储备和研究能力的限制，笔者深知，本研究肯定存在许多不足之处，下面提出不足与展望：

（1）从方法论来看，尽管综合运用了多个学科的理论来分析标准化工程的建设管理，但是在理论的运用方面尚未达到驾轻就熟的地步。如何把系统学、管理学、经济学、信息科学、标准学、心理学、计算机科学等交叉学科进行有效的"大成智慧"知识集成，以便更好地应用于地理信息标准化系统建设管理，值得进行更深更进一步的研究。

（2）从研究视角上来看，本研究侧重于管理角度，与过去从技术角度分析的侧重点不同，这恰是本研究的独到之处，但是也带来没有太多前人经验可参考的问题，对标准化系统工程的问题机理研究深度还不够，需要在实践中进行更多更好的验证。

（3）从研究内容来看，本研究对地理信息标准化系统建设管理展开了较全面的分析，试图涉及地理信息标准化系统建设管理的各个方面，但是在分析框架还谈不上很完整，尤其是对模块化组织和运行知识的探索尚需要进一步深入。

参 考 文 献

[1]阿尔文·托夫勒. 第三次浪潮[M]. 黄明坚，译. 北京：中信出版社，1980.

[2]巴达赫(Bardach. E.). 跨部门合作：管理"巧匠"的理论与实践[M]. 周志忍，张弦，译. 北京：北京大学出版社，2011.

[3]白殿一. 标准化基础知识问答[M]. 北京：中国标准出版社，2007.

[4]白易. 土地督察数据更新机制和流程研究[J]. 国土资源科技管理，2010，27(6)：16-18.

[5]白英彩. 计算机网络管理系统设计与应用[M]. 北京：清华大学出版社，1998.

[6]鲍德温，克拉克. 设计规则：模块化的力量[M]. 北京：中信出版社，2006.

[7]蔡立辉. 电子政务应用中的信息资源共享机制研究[M]. 北京：人民出版社，2012.

[8]曹虹剑. 网络经济时代模块化组织治理机制研究[M]. 北京：经济科学出版社，2010.

[9]曹珍富，董晓蕾，周俊，等. 大数据安全与隐私保护研究进展[J]. 计算机研究与发展，2016，53(10)：2137-2151.

[10]查有良. 系统科学与教育[M]. 北京：人民教育出版社，1993.

[11]陈常松，何建邦. 地理信息共享中标准与技术问题的一般性评论及其需求[J]. 遥感技术与应用，1998，13(2)：37-43.

[12]陈宏民. 系统工程导论[M]. 北京：高等教育出版社，2006.

[13]陈军. 国家信息化的地理空间基础框架[M]. 北京：化学工业出版社，2002.

[14]陈军. 数字中国地理空间基础框架[M]. 北京：科学出版社，2003.

[15]陈荣秋，马士华. 生产运作管理[M]. 北京：机械工业出版社，2009.

[16]陈述彭. 地理信息系统导论[M]. 北京：科学出版社，1999.

[17]陈忠，盛毅华. 现代系统科学学[M]. 上海：上海科学技术文献出版社，2005.

[18]陈子丹，陈德清. 地理信息电子政务应用中若干问题的思考[J]. 地理信息世界，2006(06)：39-42+46.

[19]成燕辉. 符合共享和一致性原则的地理信息标准体系研究[D]. 武汉大学，2005.

[20]大数据安全技术和标准研讨会在京召开[EB/OL]. [2016-03-26]. http：//www. cesi. cn/cesi/xinwen/2016/ 0328/12454. html.

[21]党明辉，杜骏飞. 中国大数据研究学术进展分析[J]. 中国网络传播研究，2013(7)：248-264.

[22]杜道生. 地理信息标准化的最新进展[J]. 地球信息科学，2003(2)：74-79.

[23]范科峰. 大数据：没有规矩不成方圆——我国数据安全标准化工作亟待全面推进[J]. 信息安全与通信保密，2014(10)：31-32.

[24]冯登国. 大数据安全与隐私保护[J]. 计算机学报，2014(01)：246-258.

[25]富融科技有限公司. 地理信息系统软件的应用模式和配置[J]. 遥感信息，1997(01)：30-35.

[26]高聪伟. 政府部门间信息资源共享的模式及其应用研究[J]. 情报科学，2012(8)：22-25.

[27]高小力，许晖. ISO/TC 211 与我国地理信息技术的标准化[J]. 测绘标准化，1997，33(13)：4-7.

[28]葛文兰. 城市规划数字化管理及集成应用模式探讨[J]. 电脑与信息技术，2003(05)：7-10.

[29]龚健雅. 地理信息共享技术与标准[M]. 北京：科学出版社，2009.

[30]龚健雅. 当代 GIS 的若干理论与技术[M]. 武汉：武汉测绘科技大学出版社，1999.

[31]国家测绘局 编. 测绘与地理信息标准化指导与实践[M]. 北京：测绘出版社，2008.

[32]哈肯，H. 著；张纪岳，郭治安译. 协同学导论[M]. 西安：西北大学科研处，1981.

[33]韩晶，王健全. 大数据标准化现状及展望[J]. 信息通信与技术，2014(6)：38-42.

[34]何建邦，蒋景瞳. 我国地理信息标准化工作的回顾与思考[J]. 测绘科学，2006，31(3)：9-13.

[35]何建邦，吴平生，余旭，等. 地理信息资源产权政策研究[J]. 测绘科学，2008，33(1)：10-13.

[36]胡晓鹏. 模块化：经济分析新视角[M]. 北京：人民出版社，2009.

[37]黄思棉，张燕华. 当前中国政府数据开放平台建设存在的问题与对策研究——以北京、上海政府数据开放网站为例[J]. 中国管理信息化，2015，18(14)：175-177.

[38]江卫东，夏士雄. GML3.1 应用模式研究和应用[J]. 福建电脑，2007(10)：90，106.

[39]姜作勤，刘若梅，姚艳敏，等. 地理信息标准参考模型综述[J]. 国土资源信息化，2003(3)：11-17.

[40]蒋景瞳，刘若梅，贾云鹏，等. 地理信息数据质量的概念、评价

和表述——地理信息数据质量控制国家标准核心内容浅析[J]. 地理信息世界, 2008, 04(2): 5-10.

[41]蒋景瞳, 杜道生 等 译. 地理信息国际标准手册[M]. 北京: 中国标准出版社, 2004.

[42]蒋景瞳, 刘若梅, 贾云鹏, 等. 国内外地理信息标准化现状与思考[J]. 国土资源信息化, 2002(4): 8-13.

[43]蒋景瞳, 刘若梅, 姜作勤, 等. 从政策视角探讨我国地理信息标准化问题[J]. 地理信息世界, 2007, 12(6): 18-21.

[44]蒋景瞳, 刘若梅, 姜作勤, 等. 我国地理信息标准化政策研究[J]. 测绘科学, 2008, 33(1): 21-24.

[45]蒋景瞳, 刘若梅, 周旭, 等. 国家标准《地理信息元数据》研制与实现若干问题[J]. 地理信息世界, 2003, 01(5): 1-5.

[46]蒋景瞳, 刘若梅. ISO 19100 地理信息系列标准特点及其本土化[J]. 地理信息世界, 2003, 01(1): 34-40.

[47]蒋景瞳. "数字中国"标准先行[J]. 中国计算机用户, 2002(12): 37.

[48]焦大光, 王延青. VoIP 应用模式的 7 分法[J]. 通信技术, 2009, 42(01): 348-350.

[49]柯颖. 模块化生产网络: 一种新产业组织形态研究[M]. 北京: 经济科学出版社, 2009.

[50]科技部. 实施人才、专利、技术标准三大战略 [EB/OL]. http://www.most.gov.cn/ztzl/qgkjgzhy/2003/mtbdzl/200605/t20060509_32046.htm,2003.

[51]李春田, 现代标准化前沿: 模块化研究 [M]. 北京: 中国标准出版社, 2008.

[52]李春田. 标准化概论(第五版)[M]. 北京: 中国人民大学出版社, 2017.

[53]李春田. 事关国家兴衰的标准化领域[J]. 中国标准化, 2015(3):

01-04.

[54]李春田.为什么要重新认识标准化[J].中国标准化,2004(1): 73-75.

[55]李春田.现代标准化前沿——"模块化"研究报告[J].世界标准化 与质量管理,2007(2):4-9.

[56]李春田.重温综合标准化——20年前综合标准化在我国的精彩实 践[J].中国标准化,2009(2):9-12.

[57]李德仁,王伟,龚健雅,等.数据、标准和软件试论发展我国地 理信息产业的若干问题[J].中国图像图形学报,1999,4(1):1-6.

[58]李德仁.论21世纪遥感与GIS的发展[J].武汉大学学报·信息科 学版,2003,28(2):127-131.

[59]李德仁.地理信息系统导论[M].北京:测绘出版社,1993.

[60]李建华.计算机支持的协同工作[M].北京:机械工业出版社, 2010.

[61]李军,曾澜.地理空间信息及技术在电子政务中的应用[M].北 京:电子工业出版社,2005.

[62]李莉,曾澜,朱秀丽,等.电子政务-自然资源和地理空间信息库 标准体系研究[J].地理信息世界,2006,(6):6-20.

[63]李朋德.在第三届全国地理信息标准化技术委员会第三次全体会 议上的讲话[R].北京:国家测绘局,2011.

[64]李平.开放政府视野下的政府数据开放机制及策略研究[J].电子 政务,2016,01(009):80-87.

[65]李琪.运用标准化方法提高数据中心信息安全管理水平[J].大众 标准化,2016(9):73-76.

[66]李维森.强化科技创新 深化国际合作 加大标准统筹引领和支撑测 绘事业与地理信息产业又好又快发展——在全国测绘科技与外事 工作会议上的讲话[EB/OL]. http://chzt.sbsm.gov.cn/article/ gzhy/tzozqgchkjywsgzhy/ldpsjjh/201012/20101200076098.shtml,

2010.

[67]李小林. GIS 标准化综述[J]. 地理信息世界，2004，2(5)：11-15.

[68]李新通，何建邦. GIS 互操作与 OGC 规范[J]. 地理信息世界，
2003，1(5)：23-28.

[69]李学京. 标准与标准化教程[M]. 北京：中国标准出版社，2010.

[70]梁军，赵勇. 系统工程引论[M]. 北京：化学工业出版社，2005.

[71]刘大杰，史文中，童小华，等. GIS 空间数据的精度分析与质量控
制[M]. 上海：上海科学技术文献出版社，1999.

[72]刘纪平，张福浩，王亮. 面向大数据的空间信息决策支持服务研
究与展望[J]. 测绘科学，2014，39(5)：8-13.

[73]刘若梅，蒋景瞳. ISO/TC211 首批制定的地理信息国际标准剖
析——《地理信息国际标准手册》解读[J]. 地理信息世界，2003，
01(5)：18-22.

[74]刘若梅，蒋景瞳. 地理信息的分类原则与方法研究——以基础地
理信息数据分类为例[J]. 测绘科学，2004，29(7)：84-87.

[75]刘峥颢. 标准及标准化[M]. 北京：中国计量出版社，2005.

[76]龙毅，张翎，胡雷地，闾国年. 移动 GIS 中语音与自然语言的应
用模式探讨[J]. 测绘科学技术学报，2008(01)：8-12.

[77]罗伯特·A. 安东尼，维杰伊·戈文达拉扬. 管理控制系统(第 11
版)[M]. 北京：机械工业出版社，2004.

[78]罗博. 国外开放政府数据计划：进展与启示[J]. 情报理论与实践，
2014，12(37)：138-144.

[79]罗珉. 大型企业的模块化：内容、意义与方法[J]. 中国工业经济，
2005(3)：10-15.

[80]罗颖. 大数据安全与隐私保护研究[J]. 信息通信，2016(01)：
162-163.

[81]吕欣，韩晓露. 大数据安全和隐私保护技术架构研究[J]. 信息安
全研究，2016，2(03)：244-250.

［82］马峻．创新设计的协同与决策技术［M］．北京：科学出版社，
　　　2008.

［83］马胜男，魏宏，刘碧松．地理信息标准研制的国内外进展及思考
　　　［J］．武汉大学学报·信息科学版，2008，33（9）：886-891.

［84］马义飞，张媛媛．生产与运作管理［M］．北京：清华大学出版社，
　　　2010.

［85］孟小峰，慈祥．大数据管理：概念、技术与挑战［J］．计算机研究
　　　与发展，2013，50（1）：146-169.

［86］（战国）孟子．孟子［M］．北京：光明日报出版社，2018.

［87］彭庆．基于大数据技术的数据共享平台方案研究［J］．电信技术，
　　　2014（10）：22-25.

［88］邱仁宗．大数据技术的伦理问题［J］．科学与社会，2014（01）：36-
　　　48.

［89］钱红波．美国交通数据资源共享对我国的启示［J］．中国公路，
　　　2015，23（020）：80-82.

［90］钱心缘．国内外大数据研究进展［J］．中国科技信息，2013，19：
　　　85-87.

［91］钱学敏．钱学森的"大成智慧学"［N］．北京日报，2004，04（12）.

［92］钱学森．大力发展系统工程尽早建立系统科学的体系［N］．光明日
　　　报，1979，11（10）.

［93］钱学森．论系统工程（新世纪版）［M］．上海：上海交通大学出版
　　　社，2007.

［94］钱学森．钱学森同志谈标准化和标准学研究［J］．标准化通讯，
　　　1979（3）：12-13.

［95］青木昌彦，伊藤晴彦．模块时代——新产业结构的本质［M］．上
　　　海：上海远东出版社，2003.

［96］全国地理信息标准化技术委员会 编，中国 GIS 协会标准化与质量
　　　控制专业委员会 编．地理信息国家标准手册［M］．北京：中国标

准出版社，2004.

[97]冉从敬，刘洁，刘琬．Web2.0环境下美国开放政府的政策评述
[J]．图书与情报，2013(5)：78-83.

[98]任冠华，魏宏，刘碧松，等．标准适用性评价指标体系研究[J].
标准化研究，2005，3(3)：15-18.

[99]任健，黄全义．城市地理空间基础数据应用模式的探讨[J]．测绘
信息与工程，2003(01)：25-26.

[100]阮高峰，姜艳芳．数字微格系统设计与应用模式研究[J]．计算机
教育，2008(13)：62-65.

[101]单志广．《关于促进大数据发展行动纲要》解读[EB/OL].[2015-
08-19].http://news.xinhuanet.com/info/2015-09/17/c_134632375.
htm.

[102]沈同，邢浩宇，张丽虹．标准化理论与实践[M]．北京：中国计
量出版社，2010.

[103]史美林，计算机支持的协同工作理论与应用[M]．电子工业出版
社，2001.

[104][日]松浦四郎．工业标准化原理[M]．北京：技术标准出版社，
1981.

[105]苏懋康．系统动力学原理及应用[M]．上海：上海交通大学出版
社，1988.

[106]苏山舞，石卫君．《数字地形图产品模式》标准研究[J]．遥感信
息，2000(1)：36-39.

[107]孙伟伟，奚长元，刘春．基于地理参考模型的城市空间数据标准
体系探讨[J]．工程勘察，2008(11)：59-63.

[108]童时中．模块化原理、设计方法及应用[M]．北京：中国标准出
版社，2000.

[109]王家耀．空间信息系统原理[M]．北京：科学出版社，2001.

[110]王军良．德国现代化武器系统[J]．车辆动态，2003(3)：18-20.

[111]王璐，孟小峰．位置大数据隐私保护研究综述[J]．软件学报，
2014(04)：693-712.

[112]王树良，丁刚毅，钟鸣．大数据下的空间数据挖掘思考[J]．中国
电子科学研究院学报，2013(1)：8-17.

[113]王晓民，张新，池天河．"数字海洋"的数据处理与应用模式研究
[J]．计算机应用，2008(S1)：358-359，363.

[114]王新洲，史文中，王树良．模糊空间信息处理[M]．武汉：武汉
大学出版社，2004.

[115]王岳．美国政府数据开放政策研究[D]．辽宁大学，2015.

[116]维克托·迈尔·舍恩伯格，肯尼思·库克耶．大数据时代：生
活，工作与思维的大变革[M]．杭州：浙江人民出版社，2012.

[117]邬贺铨．大数据时代的机遇与挑战[J]．信息安全与通信保密，
2013(3)：9-10.

[118]吴爱明，衷向东．建构先进的电子政务应用模式[J]．美中公共管
理，2005(4)：1-5.

[119]吴朝晖，邓水光．工作流系统设计与关键实现[M]．杭州：浙江
大学出版社，2006.

[120]吴忠，汪明艳，欧阳剑雄．电子政务应用模式及实施架构[J]．上
海管理科学，2003(06)：21-23.

[121]肖学年，薛明，张坤，等．我国现行测绘标准和标准体系的分析
与思考[J]．工程勘察，2006(11)：17-21.

[122]谢印成，张海燕．中小企业电子商务应用模式与平台建设[J]．现
代企业，2008(03)：67-68.

[123]薛孚，陈红兵．大数据隐私伦理问题探究[J]．自然辩证法研究，
2015(02)：44-48.

[124]闫星宇．产业模块化研究[M]．南京：南京大学出版社，2009.

[125]严绍业．电子政务的另一面[J]．中国计算机用户，2004(34)：
40.

[126]阎正. 城市地理信息系统标准化指南[M]. 北京：科学出版社，
    1999.

[127]晏珊，常朝稳. 基于P2P的电子政务应用模式研究[J]. 微计算
    机信息，2006(12)：208-210.

[128]姚旭. 网络计算机的应用模式研究[J]. 齐齐哈尔职业学院学报，
    2008(02)：47-49.

[129]叶润国，胡影，韩晓露，王惠在. 大数据安全标准化研究进展
    [J]. 信息安全研究，2016，2(5)：404-411.

[130]翟军. 关联政府数据原理与应用——大数据时代开放数据的技术
    与实践[M]. 北京：电子工业出版社，2015.

[131]张健挺. 网络地理信息系统的若干问题探讨[J]. 遥感信息，1997
    (03)：8-11.

[132]张军. 走进模块时代[J]. 互联网周刊，2003(9)：74-76.

[133]张三慧 编著. 大学物理学：热学、光学、量子物理[M]. 3 版.
    北京：清华大学出版社，2009.

[134]张文修，吴伟志，梁吉业，等. 粗糙集理论与方法[M]. 北京：
    科学出版社，2005.

[135]张锡纯. 标准化系统工程[M]. 北京：北京航空航天大学出版社，
    1992.

[136]张锡纯. 标准化系统工程研究对象的探讨与建模刍议[J]. 航天系
    统工程，1994(2)：35-42.

[137]张锡纯. 关于标准化系统工程及其研究对象的探讨[J]. 北京航空
    航天大学学报，1992(1)：93-100.

[138]张晓娟. 中美政府数据开放和个人隐私保护的政策法规研究[J].
    情报理论与实践，2016，39(1)：38-43.

[139]张治栋，荣兆梓. 模块化悖论与模块化战略[J]. 中国工业经济，
    2007(2)：15-17.

[140]郑磊，高丰. 中国开放政府数据平台研究：框架、现状与建议

［J］.电子政务，2015（7）：8-16.

［141］中国 GIS 协会标准化与质量控制专业委员会.GIS 标准化综述［J］.地理信息世界，2004，02（5）：11-15.

［142］中国标准化研究院.标准化若干重大理论问题研究［M］.北京：中国标准出版社，2007.

［143］周慧，宋兴国.政府数据公开平台调查：上海更新最快，开放标准仍缺位［N］.21 世纪经济报道，2015-10-26.

［144］周竹军."数字南通"基础地理信息系统框架构建［J］.矿山测量，2003（03）：44-46.

［145］朱福喜，朱三元，伍春香.人工智能基础教程［M］.北京：清华大学出版社，2006.

［146］Agrawal D，Bernstein P，Bertino E，et al. Challenges and Opportunities with Big Data—A community white paper developed by leading researchers across the United States［EB/OL］.［2011-1-10］. https：//www. researchgate. net/publication/254639922＿Challenges＿ and_Opportunities_with_Big_Data_2011-1.

［147］Agrawal R，Srikant R. Privacy Preserving Data Mining［C］//Proc of SIgMOD 2000. New York；ACM，2000：439-550

［148］Alan Shalloway & James R. Tsott. Design Patterns Explained（设计模式精解）［M］.熊节，译，2004.

［149］Albert-Laszlo Barabasi. Bursts：The Hidden Pattern Behind Everything We Do［M］. Dutton Adult，2010.

［150］Alexander C，Ishikawa S，Silverstein M. A Pattern Language［M］. New York：Oxford University Press，1977，p.x.

［151］Alvin Toffler. The Third Wave［M］.Bantam，1984.

［152］Bryant R E，Katz R H，Lazowska E D. Big-Data computing；Creating revolutionary breakthroughs in commerce，science，and society［R/OL］.［2008-10-02］.http：//www. cra. org/ccc/does/ init/ Big＿data.

pdf.

[153]Carliss Y. Baldwin, Kim B. Clark. Managing in an Age of Modularity [J].Harvard Business Review, 1997,75(5):84-93.

[154]D.G.Lake,M.B.Miles,R.B.Earle,Jr. Measuring Human Behavior,Tools for the Assessment of Social Functioning [M]. New York: Teacher College Press,Columbia University,1973.

[155] David Hollingsworth. The Workflow Reference Model: 10 Years On; Workflow Handbook 2004, pp.295-312;2004.

[156] Davies T, Sharif R, Alonso J. Open Data Barometer-Global Report Second Edition[R]. World Wide Web Foundation, 2015.

[157] Frederick Taylor. The Principles of Scientific Management [M]. Newyork: Dover Publications,1997.

[158]G8 Open Data Charter and Technical Annex [EB/OL].[2013-06-18]. https://www. gov. uk/government/publications/open-data-charter/g8-open-data-charter-and-technical-annex.

[159]International Data Corporation. Electronic Medicines Compendium.2011 IDC Digital Universe Study: Big Data is Here, Now What? [R].2011.

[160]Jeroen van den Hoven. Information Technology and Moral Philosophy [M]. Cambridge University Press,2008.

[161]John D. Evans. A Geospatial Interoperability Reference Model(G.I.R. M.) Version 1.0[EB/OL]. 2003. http://gai. fgdc.gov/girm/v1.0

[162]John Gaillard.Industrial Standardization: Its Principles and Application [M]. The H.W. Wilson Company,1981.

[163]Kenneth R. Andrews.The Concept of Corporate Strategy[M]. Richard D Irwin,1987.

[164] Kord Davis, Doug Patterson.Ethics of Big Data: Balancing Risk and Innovation[M].O'Reilly Media,2012.

[165] Malcolm W. Hoag. An Introduction to Systems Analysis [EB/OL].

http://www.rand.org/pubs/research_memoranda/RM1678.html,1956.

[166] Michael A. Hitt, R. Duane Ireland, Robert E. Hoskisson Strategic management: concepts and cases [M]. Cincinnati, Ohio: South-Western College Publishing,2006.

[167] Big Data [EB/OL]. http://www.nature.com/news/specials/bigdata/index.html, 2008-10-02.

[168] Office of Science and Technology Policy. Executive Office of the President, 2012, Fact Sheet: Big Data across the Federal Government [R/OL]. [2012-12-21].www.White House.gov/OSTP.

[169] Open GIS Consortium. OpenGIS Implementation Specifications [EB/OL]. http://www.opengis.org/techno/implementation.htm

[170] Puschmann C, Burgess J. Metaphors of Big Data [J]. International Journal of Communication, 2014(8):1690-1709.

[171] Robert L. Solso, M. Kimberly MacLin, Otto H. MacLin. Cognitive Psychology (7th Edition) [M]. Boston:Allyn & Bacon,2004.

[172] Special online collection: Dealing with data [EB/OL]. [2012-2-11]. http://www.sciencemag. org /site /special/data/.

[173] Terrence Robert Beaumont Sanders. The aims and principles of standardization [M]. International Organization for Standardization, 1972.

[174] Thomas L. Saaty. Mathematical Methods of Operations Research [M]. New York:Dover Pubns,1989.

[175] Tor Bernhardsen. Geographic Information Systems: An Introduction (3 edition) [M].NJ:Wiley,2002.

[176] United Nations Global Pulse. Big Data for Development: Challenges Opportunities [R/OL]. [2012-05-10].http://www.unglobalpulse.org/projects/Bigdataofor development.

[177] Viktor Mayer-Schonberger. Delete: The Virtue of Forgetting in the

Digital Age[M]. Princeton University Press, 2011.

[178] Wil van der Aalst, Kees van Hee. WorkFlow management: models, methods and systems [M].Boston:The MIT Press, 2004.

[179] Workflow Management Coalition: The Workflow Reference Model (WFMC-TC00-1003 Issue 1.1),1995.

[180] http://cscw2011.org

[181] http://dqs.ndrc.gov.cn/gzdt/t20090326_268647.htm

[182] http://icaci.org/

[183] http://tech.it168.com/oldarticle/2007-05-16/200705162152437.shtml

[184] http://www.aqsiq.gov.cn/

[185] http://www.ccw.com.cn/applic/forum/htm2003/20030702_101Z3.htm

[186] http://www.cenorm.be

[187] http://www.cnetnews.com.cn/2009/0331/1360776.shtml

[188] http://www.fgdc.gov/

[189] http://www.gistandard.org.cn/

[190] http://www.hbqj.gov.cn/data/2009/0313/article_8259.htm

[191] http://www.iho.int/

[192] http://www.isotc211.org

[193] http://www. ngcc. cn/article/xwzx/kjws/201811/20181100010381. shtml

[194] http://www.opengeospatial.org/

[195] http://www.opengis.org

[196] http://www.wfmc.org

附录 A　我国标准代号表示的内容

标准的分类和编号有具体的规定，每一个编号的标准都可以表示出：

一、级别：国家标准、行业标准、地方标准或企业标准，其代表符号分别为 GB、ZB、DB 和 QB。其中 G、Z、D、Q 是国家、行业、地方、企业汉语拼音的第一个字母，Z 是所有行业的临时代号，具体的行业标准代号按我国行业标准代号表示，行业标准代号见附表 1。"B"是"标准"拼音的第一个字母。

二、标准的强制力程度：GB、ZB、DB 和 QB 属强制性标准，GB/T、ZB/T、DB/T 分别表示国家推荐性标准、行业推荐性标准和地方推荐性标准，企业标准无推荐性标准，字母 T 是"推"的汉语拼音的第一个字母。

三、发布标准的顺序号。

四、发布标准的年号，取公历年号。

五、行业标准所属行业的代号或标准体系分类号。

六、地方标准有省、市代号，右边是省辖市的代号。

七、企业标准与企业代号、门类号、职能代号。

附表 1 行业标准代号

序号	行业标准名称	代号	主管部门	序号	行业标准名称	代号	主管部门
1	教育	JY	教育部	2	医药	YY	国家食品药品监督管理总局
3	煤炭	MT	中国煤炭工业协会	4	新闻出版	CY	国家新闻出版署
5	测绘	CH	国家测绘局	6	档案	DA	国家档案局
7	海洋	HY	国家海洋局	8	烟草	YC	国家烟草专卖局
9	民政	MZ	民政部	10	地质矿产	DZ	自然资源部
11	公共安全	GA	公安部	12	汽车	QC	中国机械工业联合会
13	建材	JC	中国建筑材料工业协会	14	石油化工	SH	中国石油和化学工业协会
15	化工	HG	中国石油和化学工业协会	16	石油天然	SY	中国石油和化学工业协会
17	纺织	FZ	中国纺织工业协会	18	有色冶金	YS	中国有色金属工业协会
19	黑色冶金	YB	中国钢铁工业协会	20	电子	SJ	信息产业部
21	广播电影	GY	国家广播电影电视总局	22	铁道运输	TB	铁道部
23	民用航空	MH	民航管理总局	24	林业	LY	国家林业和草原局
25	交通	JT	交通部	26	包装	BB	中国包装工业总公司
27	地震	DB	国家地震局	28	海关	HS	海关总署
29	旅游	LB	文化和旅游部	30	机械	JB	中国机械工业联合会
31	轻工	QB	中国轻工业联合会	32	船舶	CB	中国船舶工业总公司

续表

序号	行业标准名称	代号	主管部门	序号	行业标准名称	代号	主管部门
33	通信	YD	信息产业部	34	金融系统	JR	中国人民银行
35	劳动、劳动安全	LD	劳动和社会保障部	36	兵工民品	WJ	国防科工委
37	核工业	EJ	国防科工委	38	土地管理	TD	国家土地资源部
39	稀土	XB	国家发改委	40	环境保护	HJ	国家环境保护局
41	文化	WH	文化和旅游部	42	体育	TY	国家体育总局
43	物资管理	WB	国家物资流通协会	44	城镇建设	CJ	建设部
45	农业	NY	农业农村部	46	建筑工业	JG	建设部
47	水利	SC	农业农村部	48	水利	SL	水利部
49	电力	DL	国家发改委	50	航空	HB	国防科工委
51	航天工业	QJ	国防科工委	52	卫生	WS	卫健委
53	商业	SB	商务部	54	商检	SN	国家市场监督管理总局
55	气象	QX	中国气象局	56	海洋石油天然气10000#后	SY	中国海洋石油
57	邮政	YZ	国家邮政部	58	供销	GH	中华全国供销合作总社
59	粮食	LS	国家粮食和物资储备局	60	中医药	ZY	国家中医药管理局
61	安全生产	AQ	国家安全生产管理局	62	文物保护	WW	国家文物局

注：以上行业标准代号可能会随着国家机构改革进行相应变化

附表 2   省、自治区、直辖市代码表

名称	代码	名称	代码	名称	代码
北京市	110000	安徽省	340000	四川省	510000
天津市	120000	福建省	350000	贵州省	520000
河北省	130000	江西省	360000	云南省	530000
山西省	140000	山东省	370000	西藏自治区	540000
内蒙古自治区	150000	河南省	410000	陕西省	600000
辽宁省	210000	湖北省	420000	甘肃省	620000
吉林省	220000	湖南省	430000	青海省	630000
黑龙江省	230000	广东省	440000	宁夏回族自治区	640000
上海市	310000	广西壮族自治区	450000	新疆维吾尔自治区	650000
江苏省	320000	海南省	460000	台湾省	710000
浙江省	330000	重庆市	500000		

附表 3   企业职能代号示例

名称	职能标准代号				
企业技术标准 QJ	01	02	03	04	05
	基础标准	产品标准	设计标准	工艺工装标准	外协件标准
企业管理标准 QG	01	02		03	04
	管理基础标准	信息管理标准		企业组织标准	计划管理标准
企业工作标准 QE	01		02		03
	部门运用工作标准		职能部门的专用工作标准		车间工作标准

注：企业可根据自己的要求设置企业职能代号

附　录　B

下表对当前地理数据发布的相关政策法规体系做了归纳和整理：

附表4　　　　**基础地理数据发布相关政策法规体系**

法律位阶	序号	法律名称	发布主体	发布时间	实施时间
基本法律	1	《中华人民共和国测绘法》(修订)	全国人大常委会，中华人民共和国主席令第75号	2017年4月27日第十二届全国人民代表大会常务委员会第二十七次会议第二次修订	2017年7月1日
	2	《中华人民共和国保守国家秘密法》(修订)	全国人大常委会，中华人民共和国主席令第6号	由中华人民共和国第十一届全国人民代表大会常务委员会第十四次会议于2010年4月29日修订通过	2010年10月1日
行政法规	3	《中华人民共和国测绘成果管理条例》	国务院令第469号	2006年5月27日	2006年9月1日
	4	《地图管理条例》	国务院令第664号	2015年11月11日国务院第111次常务会议通过	2016年1月1日
部门规章	5	《地图审核管理规定》	原国土资源部令第77号	2017年11月28日	2018年1月1日
	6	《重要地理信息数据审核公布管理规定》	原国土资源部令第19号	2003年3月25日	2003年5月1日

法律位阶	序号	法律名称	发布主体	发布时间	实施时间
重要规范性文件	7	《基础测绘成果应急提供办法》	国家测绘局	2007 年 12 月 28 日	发布之日
	8	《基础测绘成果提供使用管理暂行办法》	国家测绘局	2006 年 9 月 25 日	发布之日
	9	《公开地图内容表示若干规定》	国家测绘局	2003 年 5 月 9 日	发布之日
其他	10	《中华人民共和国测量标志保护条例》	国务院令第 203 号	1996 年 9 月 4 日中华人民共和国国务院令第 203 号发布。根据 2011 年 1 月 8 日《国务院关于废止和修改部分行政法规的决定》修订	1997 年 1 月 1 日
	11	《外国的组织或者个人来华测绘管理暂行办法》	原国土资源部令第 38 号	2007 年 1 月 19 日发布。根据 2011 年 4 月 27 日《国土资源部关于修改〈外国的组织或者个人来华测绘管理暂行办法〉的决定》修正	2007 年 3 月 1 日
	12	《房产测绘管理办法》	建设部 & 国家测绘局令第 83 号	2000 年 12 月 28 日	2001 年 5 月 1 日
	13	《测绘地理信息行政执法证管理办法》	原国土资源部令第 58 号	经 2014 年 4 月 10 日国土资源部第 2 次部务会议通过	2014 年 7 月 1 日
	14	《测绘行政处罚程序规定》	国家测绘局令第 6 号	2000 年 1 月 4 日发布。根据 2010 年 11 月 30 日《国土资源部关于修改〈测绘行政处罚程序规定〉的决定》修正	发布之日

224

法律位阶	序号	法律名称	发布主体	发布时间	实施时间
其他	15	《国家涉密基础测绘成果资料提供使用审批程序规定（试行）》	国家测绘局	2007年6月27日	2007年7月1日
	16	《注册测绘师制度暂行规定》	人事部、国家测绘局	2007年1月24日	2007年3月1日
	17	《测绘统计工作管理暂行规定》	国家测绘局	2007年2月1日	发布之日
	18	《测绘资质监督检查办法》	国家测绘局	2005年6月15日	2005年10月1日
	19	《测绘作业证管理规定》	国家测绘局	2004年3月19日	2004年6月1日
	20	《测绘资质分级标准》	国测管发〔2014〕31号	2014年8月1日	2014年8月1日
	21	《测绘资质管理规定》	国测管发〔2014〕31号	2014年8月1日	2014年8月1日
	22	《导航电子地图制作资质标准（试行）》	国家测绘局	2004年12月17日	发布之日
	23	《地图受理审核程序规定》	国家测绘局	2003年8月25日	发布之日
	24	《测绘资格审查认证管理规定》	国家测绘局	2000年8月8日	2000年9月1日
	25	《测绘成果质量监督抽查管理办法》	国家测绘局	2010年3月24日	发布之日
	26	《测绘计量管理暂行办法》	国家测绘局	1996年5月22日	发布之日
	27	《测绘市场管理暂行办法》	国家测绘局	1995年6月6日	1995年7月1日